OSAMU SUZUKI

HOW TO QUIT A JOB

仕事の

辞め方

鈴木おさむ

幻冬舎

仕事の辞め方

仕事の辞め方　目次

はじめに

２０２３年10月12日
今日はご報告があります。
僕は１９９２年２月から放送作家というお仕事を始めさせていただき、今年で32年。
放送作家に加えて、脚本業もさせていただいてきましたが。
来年２０２４年３月31日で32年やってきた放送作家業を辞めることにしました。
脚本業も辞めます。

元々は２０１９年。当時48歳の僕が色々迷っている時に、山下達郎さんのライブで『ＬＡＳＴ ＳＴＥＰ』という曲を聞き、その瞬間、「50歳になったら辞める」という思いが頭に閃《ひらめ》きました。
コロナ禍になり、辞めるという考えを一度胸の中にしまっていましたが、今年の春頃、「辞める」と決めました。

夏には、今日、10月12日に報告させていただこうと決めました。

なぜ、辞めるのか。僕は19歳でこの世界に入りました。

19歳の僕を師匠の前田昌平さんは受け止めてくれて、放送作家生活がスタートしました。

目の前の大人に認められたくて必死でした。

やり続けていたら、色んな出会いがあって、20代からＳＭＡＰとも仕事をさせてもらうことになり、とんでもないスピードで時間が流れていきました。

プライベートでも、大学を辞めたり、父の商売がしんどいことに気づかずに無理して大学行かせてもらってたら借金が１億円以上に膨らんでいて、それを返すことになったり、30歳の時に妻と出会い交際０日で結婚をしたり、その話がドラマになってしまったり。

待望の子供を授かったけど、残念な結果になり、調べてみたら自分が男性不妊だったり、妻が妊活休業して、ようやく子供を授かり、そのあと、放送作家業を一年休んで育休したり。

振り返ってみると、とても振り切った人生を生きてきたなと思っています。

でも、ある時、自分の人生を俯瞰《ふかん》で見た時に、40代後半から、おもしろく生きられてないなと思ってしまいました。

ありがたいことに、今も沢山《たくさん》のお仕事を頂き、作り手としては、やり甲斐《がい》のあるお仕事ばかりです。

ですが、ここ数年、作り手の前に人として、振り切って生きられていないないという思いがずっとあり。

もう一つ。SMAPが解散してから、自分の中で120%の力が、入りにくくなってしまったというのもあります。

常に入っていた120%の力が入らない時も出てきてしまった。

辞めると決めて、今年の4月から、長くお仕事をさせていただいた方々に、お話しさせていただきました。

理解していただきありがたかったです。

今田耕司さんにこのことを伝えた時には、「おさむくんのそのあとが楽しみです」と力強い言葉を頂き背中を押されました。

皆さんには本当に本当に感謝しています。

僕が辞めることで、沢山の方にご迷惑をおかけしてしまうと思います。本当に申し訳なく思っております。


来年春からは、若者たちを応援することが出来たらと思っております。

現在51歳。今だったらまだ間に合う。

まだ形になってはないですが、それをこれから本気でやってみたいと思っています。


そして。妻です。

妻は僕の選択を心から応援してくれています。初めて話した時に「いいじゃん」と全力で言ってくれました。

まさに親方、ドーンと構えています。

今の仕事を辞めるということは、当然ながら、来年からは収入がとても減ります。

でも、妻はある時言ってました。「お金に執着するとそういう人生になるんだよな」と。

その言葉を聞いて、ハッとしました。

今までの人生で、僕は何かを手放した時に、大きく人生が変わり、別の大切な何かを手に入れています。

だから今、放送作家という大切なものを、ここで手放すことをしてみようと思っています。

僕が20代の頃、『SMAP×SMAP』という番組で出会った、僕より20歳以上年上の永井準さんという放送作家の大先輩がいました。

僕が20代中盤でとても忙しい時に、免許を取るために教習所に通いフラフラになっている僕に永井さんは言いました。「おさむ、今のお前にしか出来ないことがあるんだから、免許なんか取りに行かなくていいんだよ。今お前にしか出来ないことを全力でやるんだよ。将来な、絶対仕事は減るんだよ。間違いなく減る。でもな、俺なんかさ、40代後半になってさ、バイクの免許取りに行ってさ。これが、楽しいんだよ。だから、今は今のお前にしか出来ないことをやるんだよ。世の中の人がやってることは、人生の後半の楽しみにとっておけよ」と。

そのことを教えてくれた永井さんは57歳で旅立っていきました。

ずっとずっと、この言葉が胸に残っていました。

来年の春からは、これまでやれなかったことを、拾っていくかのように、やっていこうとも思っています。

肺の持病も抱えていますので、もっともっと身体《からだ》をいたわって生きていこうと思います。

今、SMAPの『ありがとう』を聞きながらこの文章を書いているのですが。

歌詞がとても響きますすね。

でも、まだ半年あります。

レギュラー番組は全力でやらせていただきます。新しいことにもこの半年で挑戦します。

そして3月31日まで脚本・台本は書き続けます。

120%、全力で放送作家をやりきります。

最後まで読んでいただき、ありがとうございました。

2023年10月12日

放送作家　鈴木おさむ

第一章

なぜ仕事を辞めるのか

この本を書いた理由

「はじめに」に載せたような文章を、２０２３年の10月12日に自分のＳＮＳにて発表させていただきました。

あらためて、私、鈴木おさむは２０２４年３月31日で放送作家という仕事を辞めます。放送作家を始めたのが、１９９２年２月ですので、32年、この仕事をやってきました。ですが、辞めます。

19歳で始めたこの仕事を51歳で辞めます。ずっとやってきた脚本業も辞めます。

放送作家なんて仕事、フリーだから辞めるのは簡単だろと思う方もいるかもしれませんが、そうではありません。

32年間やってきた仕事を辞めるにはかなりの勇気と決断がいります。でも辞めます。

この本を今、手に取っている方は、おそらく一度は頭の中を、今の仕事、会社を辞めようと過《よぎ》ったことがあるのではないかと思います。

20代、30代、40代、50代。

年代によって、仕事を辞める理由は違いますし、その重みは変わってきます。

僕が仕事を辞めると決めて、関係各所に話をしたり、辞めた後のことを考えたりしている時に、仕事を辞める際の参考になるような本があればいいのになと思いました。

日本ではまだどうしても、仕事や会社を辞めることに、罪悪感を覚える人がいます。「裏切る」と感じてしまう人がいる。長年勤めていればいるほど、それが大きい。

でも、結局、人は、友達でも親友でも自分の人生が一番大事ですし、自分の人生に必死ですから、あなたの人生を心配はしてくれても面倒は見てくれません。

自分の人生は自分で決めて動くしかないのです。

だから、この本を書くことにしました。「仕事の辞め方」、「How to quit a job」です。


テレビ局で僕と同い年の人を見てみると、51歳、出世している人は部長職、それ以上の職に就き始めている人もいます。

会社での「勝ち」「負け」がかなりしっかり表れ始めている年代です。

会社でラインに乗り、出世街道を突き進んでいる人はごく少数。会社では年を重ねれば重ねるほど「勝者」の数が少なくなっていきます。

会社での出世という概念だけで見ると、ほとんどが「敗者」になっていくのです。これ、意外と30代では気づけなくて、頭ではわかっているけど、実感がないから自分事にならない。自分が「敗者」になる可能性が高いのだという実感が湧かない。ですが、年とともに実感していくんですよね。

では、自分は「敗者」だと気づいた人たちは、どうするか？　それでも諦めずに会社で出世をするという道にこだわる。こだわった結果、勝利を手に入れる人も極まれにいます。

出世を諦めた人は、会社というものに対して割り切る。お金をもらうために働き、自分のやり甲斐を会社以外に求める。趣味を増やしたり、僕の個人的目線だと、ウォーキングやマラソンを始める人も多いですね。自分自身を見つめだすというか。そこで大切なものに気づいたりとか。

そしてもう一つの選択が、今の仕事を「辞める」ですね。50歳を超えて仕事を辞めるのは、20代の転職とは違って、かなりの覚悟がいります。

でも、そんな中、僕の周りの50代の方は、「辞める」という決断をする人が増えています。

40代となるとさらに多い。

辞める人はみな、自分の居場所を探して辞めるのだと思います。

家族との関係、子供がいる人は子供の年齢なども、辞めるかどうかの決断理由になっている。

辞めた人は、他の会社に転職するか、自分で会社を興すか。いくつかの形がありますが、その選択と挑戦がうまくいく人もいれば、残念ながら辞めて現実を知る人もいます。

僕自身もこれから辞めるわけですから、辞めた人の、辞め方やその後の動きをよく観察するようにしています。

すると、辞めた後がうまくいってる人といってない人では、辞める時の「辞め方」と、そこまでの過程が、かなり違っている気がしてきました。

なので、僕も仕事を辞めるということをこの本で整理しながら、皆さんと一緒に、仕事を辞めるということは何なのか？　何の意味があるのか？　正しい仕事の辞め方とはどんなものなのか？　一緒に考えていきたいと思います。

なぜ辞めるのか？

32年間やってきた放送作家という仕事。フリーみたいな仕事だから、会社でもないし、辞めるのは簡単だろと思う方もいるかもしれません。

でも、僕にはテレビ局をはじめ、様々な仕事のパートナーがいます。そして、自分をマネージメントしてくれている会社もあります。

その全てとの関係を切ることになるわけですから、簡単ではありません。

今、放送作家業、脚本家業で得ている収入も捨てることになるわけです。32年間培ってきた沢山の関係性も捨てることになるわけです。


こんまりこと近藤麻理恵さんの本『人生がときめく片づけの魔法』。もはや世界的ベストセラーです。この本を読む前はとても懐疑的でしたが、読んでみて、考え方が変わりました。

僕の洋服ダンスにも沢山の洋服があります。「いつかもう一度着るだろう」と思ってしまっている洋服ばかり。どんどん増えていく。

ですが、この本を読んで、その服を一着ずつ見て「ときめくかどうか」を考えてみた。一着ずつ服を見つめて、自分がその服をもう一度着るところを想像してみたり。ときめくかどうか。僕の言葉で解釈すると「ワクワクするかどうか」でした。

すると、洋服がどんどん減っていきました。片づけ終わった後に、なんだか肩の荷が下りたような気がしました。

勝手にその洋服の思いを背負った気でいましたが、とても楽になったんです。

自分の人生を「俯瞰で見る」

僕はこの仕事をしてきて、自分のことを「俯瞰で見る」ことが出来る人は優秀だなと思っています。

俯瞰で見るとは、自分を客観的に見ること。俯瞰で自分を見られる人は、自分の頭上にドローンカメラが飛んでいて、そのカメラから今の自分がどんな風に見えているのかを理解する。

これはなかなか難しいことです。感情的になった時ほど、自分を俯瞰で見ることが出来ません。

例えば、部下が問題を起こして注意するとしましょう。注意している最中に、今、注意している自分はどんな風なのかを俯瞰で見ようとする。すると注意が説教にならずにスマートに終われたりします。

僕はたまに、今の自分がドラマの出演者だったらどんな役でどんな風に見えているだろうと考えます。ドラマ『半沢直樹』だったら、自分はどの役なんだろうと。

そうすることによって、「あれ、今の自分、めちゃくちゃ嫌な役じゃない?」と気づけたりします。

時折、仕事でイライラしてる人にも、これを伝えてあげます。「今、ドラマの中だったら自分がどんな役なのか、考えてみた方がいいよ」と。すると、みな、自分の頭上にカメラを飛ばして俯瞰で見ると、「あれ? 今の俺、嫌われ者じゃん」と気づき、クールダウンしていきます。

日常の自分を俯瞰で見ることも大事なのですが、自分の人生を俯瞰で見ることも大事だと思っています。

5年、10年を振り返り、自分の人生を俯瞰で見てみる。自分の生き方はどうだったのか?

まるで他人の人生を振り返るように、俯瞰で見てみるのです。

3~5年単位で区切ってみて、自分の人生を俯瞰で見ると、この人の人生、生き方は「おもしろいか?」「おもしろくないか?」がわかってきます。

僕は比較的人生を振り切って生きてきました。19歳で上京し、いきなりお笑いプロに飛び込んで放送作家になりたいとお願いしたんです。

無茶な青年の願いを聞き入れてくれた大人により、僕の放送作家生活はスタートし、結果、大学を中退し、この道一本に懸けて放送作家業に突き進み、仕事が調子よくなってきた頃に、親に色んな事情で多額の借金があることが発覚し、その借金を7年間で1億円以上返済し、返済し終わった頃に、なんだか燃えつき症候群みたいになり、ドキドキしたくなって、交際0日で今の妻と結婚。婚姻届を出した日が妻と初めて二人きりになった日で、そんな普通ではあり得ない結婚生活を通して、結婚した後から本物の夫婦になっていき。二度の流産、そして妻は当時、まだ妊活という言葉が広く認知されてなかった頃に、「妊活休業する」と仕事を休み。僕も一緒に妊活してると、自分の精子に問題があることがわかり。ようやく子供を授かって、今度は自分が一年間育休してみたりして。

と、俯瞰で自分の人生を見てみると、起伏の激しい人生だなと思います。

僕はどんな人であっても生き方が一番の作品であるべきだと思っています。

唯一自分が主人公になれる作品です。

自分の人生が作品だとすると、自分の動き方次第で、おもしろい作品が書けるはずなんです。

自分の人生で色々なことが起きてきましたが、全てが「受け身」で起きていることではないんです。

大学を辞める時、結婚や妊活、育休の決定などなど、自分で決めたことです。結婚に関しては結婚してくれた妻に本当に感謝なのですが、とにかく、大きな決断がいることほど、自分の人生を大きく動かします。

成功しているように見える人って、自分で大きく舵を切ってることが多い。つまりは、自分の人生って、自分で思い切り舵を切らないと大きく方向を変えないことが多いんです。

悲しい出来事が起きて、変わることはあります。

でも、それ以外は、待っているだけだと意外と人生変わらない。

よく占いで「今が人生を変えるチャンス」とか言われて、そう言われただけで満足して結果何も変わらないという人を多く見受けます。

今の人生に満足してなければ、自分で大きく舵を切らないと変わらないのです。

大きく舵を切る一つの方法、それは「仕事を辞める」です。

僕も自分の人生を俯瞰で見て、時折自分で大きく舵を切りながら、周りの人に沢山支えられて、運良くおもしろく生きてこられたなと思っています。

が、ここ5年ほどの自分の人生を俯瞰で見た時に「あまりおもしろくないな」と思ってしまったんです。

テレビというものが大きく変化してきているこの5年。自分は放送作家として、テレビ番組だけでなく、様々なものを作らせていただいてます。

2023年のクリスマスシーズンはスターバックスさんと全店舗に置く絵本を作るという今までやったことのない仕事にも挑ませていただきました。

自分が企画したNetflixのドラマもかなりおもしろくなっていますし、作り手としてはとても幸せです。

幸せなんですが、自分の人生を俯瞰で見た時に、自分が自分の生き方にワクワクしていない。

これまでの生き方と比べると「おもしろく生きてないな」と思ってしまったのです。

ふと、それに気づいたといいますか。自分の生き方が作品だとすると、おもしろい作品になってないんじゃないかと思っているんです。

なので、自分の人生の舵を大きく切るために「今の仕事を辞める」ということを考えたのです。

仕事を辞めることを想像してみる

大事なのは、「仕事を辞めた後に、次、何をしたいか」を先に考えるのではなく、「今の仕事を辞める」ということについて考えてみること。

この時大切なのは、失うものを最初に考えないこと。

収入がなくなるとか。
生活が変わってしまうとか。
毎日会う仲間がいなくなるとか。

失うもの。辞めることによって起きるかもしれないネガティブな変化を先に考えてしまうと、辞めた先の「プラス」に思考がいかなくなるからです。

まず「辞める」ことによって起きるプラスを考えましょう。

どんなプラスがあるか?

うちの妻が妊活休業で仕事を休んだ後に言ってたことで、すごく記憶に残ってる言葉があります。

仕事ですごく嫌いな人がいたら、避けることは出来るが、ちょっと嫌いな人って、まあまあいますよね。それって、もう相性の問題だと思うんですが、妻が「ちょっと嫌いな人、ちょっと苦手な人に毎週会うことって、結構ストレスだったんだ」と言っていました。

振り返ってみると、僕にも当然います。ちょっと嫌いな人。つまり苦手な人と仕事で会っていることは、小さなストレスとなり、それが積み重なって大きなストレスとなっていく。

自分が今の仕事で会う人で、「嫌いな人」はすぐに思い浮かびます。

では次に、「ちょっと嫌いな人」「苦手な人」を思い浮かべてください。

日々の仕事を振り返ってみると結構、頭に浮かびませんか?

もちろん、相手にとって自分が「嫌い」や「苦手」とされていることもあるかもしれません。

「あの人、もしかしたら私のこと苦手なのかな」まで考えてみるといいでしょう。

今の仕事を辞めることで、大きなストレスになってる「嫌いな人」「苦手な人」に会わなくなることは、まず、気持ちをリセットしてくれます。

今の仕事を辞めてプラスのこと。人間関係をリセットすることが出来る。

これはとても大きなことだと思うのです。


そして日々の「○○しなきゃ」がなくなることにより、時間の選択肢が出来る。

日々の中で「○○しなきゃ」の積み重ねが、自分の人生の自由と選択肢を奪っているのです。

今、この本を読んでいる大抵の方が、今の仕事を始めた後に、結婚したり、子供を授かったりして、家族という形になっているでしょう。

結婚したり、子供を授かると、まず、自分の時間の使い方が大きく変わってきます。

そして年を重ねてきて、40代になると、20代、30代の頃と違って、体にも変化が出てきますし、お酒の飲み方、遊び方も変わってきます。

時間の使い方に大きな変化が出てくるのですが、仕事は自分の都合に合わせてくれません。

日本人のワークライフバランスが変わってきている中、40代を過ぎて、自分の生活を第一にして、その生活、ライフスタイルにあった仕事を選び直すというのもこれからは大事だなと思います。

のちほど詳しく書きますが、やはり仕事において「自分の代わりはいる」ということ、そして結局、人は自分のことが一番大事だということが年を重ねるとわかってきます。僕もそうですし、それは仕方のないことです。

自分がこの仕事に絶対必要なんだと思う20代、30代。あれ？　そうじゃないかもと思う40代。

いつか絶対に気づくことです。そのための準備をしておくべきなのです。

40代からソフト老害

40代の人は「老害」と聞くとどんなイメージを持ちますか？

老害をネットで調べると、「自分が老いたのに気づかず（気をとめず）、まわりの若手の活躍を妨げて生ずる害悪」と出てくる。

ある政治家が思い浮かんだりしませんか?

60代、70代でその会社のことを決定出来る力を持っている人が、時代の変化を感じられずに、自分の意見を正義にしてジャッジ&ゴリ押しし、若者たちが迷惑を被るパターンが多い。


僕自身も振り返ると、若い頃は老害による被害をいくつも受けてきました。若者たちが必死に作った企画書は秒でスルーされて、代わりに、「上の人」が飲み屋で思いついた一言を、「周りの大人」たちが持ち上げて、その成立してない企画を制作する「現場」に下ろしてくる。

「現場」の人たちは「こんな企画、成立してないじゃないですか」と言うが、大人たちは「上の人」の思いつきだから絶対成立させろと言う。

いざなんとか形にしてみても、結果ふるわず。すると「上の人」は「俺が思っていたのはこんなんじゃなかった」と言う。すると「大人たち」は、「お前たちがちゃんと作らないから」と言って、「上の人」がその場しのぎで言ったキーワードをまた押しつける。

そもそも「大人たち」は、「現場」出身なのだから、成立してないのなんてわかっているのだが、そんなことはどうでもいい。「上の人」に気に入られればそれでいいのだ。

結果、「現場」の人たちが四苦八苦するが、どうにもならず、ソレがさらりと終わっていく。

老害による、テレビ局あるあるの被害。どこの会社にもあるでしょう。

この場合、老害の加害者は二人いると思います。まず「上の人」です。「上の人」の一言で、下の人たちがどれだけ動かなきゃいけないかもっと想像してほしいのですが、自分の思いつきが形になるのが嬉《うれ》しくて、言ってしまうという老害。

自分の感覚が、時代とかけ離れていることに気づかないという老害。

そしてもう一人は「大人たち」です。「上の人」が思いついたことが、絶対成立しないとわかっていながら、その人に認められたいがために、それをゴリ押ししてくる。

僕はこっちの立場の老害がやっかいだと思うし、罪が重いと感じています。

また、厄介なのが、こういう老害による被害の話を聞いた他局の人が「あの局のあの番組、上の人の思いつきで大変らしいね」とか言うのだが、僕からしたら、その局でだって同じようなことが繰り返し行われている。

隣の老害はよく見えるんですよね。

こんな老害の被害を、若い頃は、まあよく受けました。ただ、たまに、そういう企画の中で当たりが出てしまう時があるから、迷惑な話です。こういうもので当たるのって奇跡に近いと思うのですが。

僕も老害になっていた

僕は「老害」による被害者側だとずっと思ってきました。

でも、この一年はそうでもないと思っています。

老害は60代、70代の話ではない。40代から老害を与える加害者側に立っている人もかなり多い。

事の始まりは、とあるYouTubeチャンネル。『街録ｃｈ』という人気チャンネルをご存じでしょうか？

三谷三四郎というテレビディレクターが町中で、とんでもない人生を経験した人たちにインタビューするもので、これがとてつもなくおもしろい。

三谷Dは、元々お昼の番組『笑っていいとも!』のADさんで、そのあとディレクターになり、僕もいくつか番組を一緒にやっていたことがある。

三谷Dが、テレビから少し離れて、『街録ch』を始めてヒットし始めたときに、嬉しくて電話した。「良かったな、三谷」と言っても、なんかノリが悪い。あんまり嬉しそうじゃない。

その理由が一年後にわかった。

三谷Dとの一回も使われてないLINEに、いきなり映像が送られてきた。それはライターの吉田豪さんに三谷が逆インタビューされている『街録ch』の映像。

まだ公開されてないが、ちゃんとサムネイルも入っていて、そこに「鈴木おさむを逆恨み」と書かれている。それを見て心臓の鼓動が速くなる。

そしてLINEの文章に、いきなりアップするのも卑怯だなと思ったので、とりあえず公開前に送ります……的なことが書いてある。

見てみると、僕ととある番組をやっていた時のこと。三谷たちが必死に作ってきた企画やVTRが僕の一言で、簡単になくなったり、直されたり。しかも、僕の意見をプロデューサーや演出たちが大切な発言として、受け入れて、その通りにしてしまう環境に対して激しくキレていた。

僕ら作家は10以上の番組を担当し、週に一回、番組の会議に来て発言する。ディレクターは一週間、その会議に向けて気持ちを込めて作り上げてくる。だが、それが週に一度そこに来た僕らの発言でひっくり返される。

三谷は僕に対してもですが、その環境を作り上げている「大人たち」や局にも問題があると提言していた。

見終わり、色んな感情がこみ上げてきたが、三谷にはこうLINEした。「おもしろいじゃん」と。

三谷はその言葉を求めていたらしく、その後のLINEの文面は急に穏やかになり、結果、後日、彼のチャンネルに僕も出演して、自分の人生や思いを語った。

三谷のVTRを見て気づいた。これって、自分は「老害」の被害者側だと思っていたけど、加害者側に立ってたんだよなと。

自分も40代から老害の加害者側になっていたんだと気づき、40代から「ソフト老害」は始まっているのだとわかった。

60代、70代の「老害」と40代の「ソフト老害」はちょっと違う。

40代になり、会議に出席し、自分が一番上に立つ。僕ら放送作家の仕事というのは、誰かのパートナーになることが多い。

プロデューサーや総合演出と言われる番組を作る一番の責任者のブレーン的パートナーとなる。

自分の一言で全てが決まっていく時も数々あるし、時には、プロデューサーや総合演出の気持ちをアシストすることもある。

20代の時よりも、全体の「バランス」を取ることが多くなる。ただ、自分の発言力が大きいため、バランスを取っているはずの僕の言葉は、結果、若者たちが必死に考えてきたことを妨害することになっていた。

これ、どの会社でもあるのではないでしょうか?

40代になり、20代、30代とは違い、会社全体のことを考えて動かなきゃいけないポジションになる。

そのポジションに立ったからこそ、会社のことを考えて発言していること自体が若い世代からするとソフト老害になっていたりする。

そして、例えばそのプロジェクトがうまくいっている時はいいが、うまくいってない時。「上の人」からは、なんとかうまくいくようにツツかれる。

若い世代からは、自分たちのやりたいようにやりたいと言われる。

こういう時に、自分は「上の人たち」とは違うよというフリをしながら、若者たちを説得するようにして、結果、走る方向を変えさせていく。あるあるだ。だが、これもソフト老害と言えるだろう。

誰も傷つかないようにとバランスを取っているつもりだが、20代、30代からしたら、そのバランスを取っている行為が、妨害行為になっている。

良かれと思ってやっていることは、ソフト老害になっていることが多いのだ。

40代は老害なんて関係ないと思いがちだが、40代から始まっているのだ。それを自覚した方がいいと本当に思う。


僕は、三谷DのVTRを見てから決めたことがある。バランスを取るのはやめようと。

自分が違うと思ったことは、オブラートに包んで言ってるつもりだったが、結果、それがソフト老害になるならば、なぜ違うのかをハッキリ伝える。

そして、嫌われるなら正面からちゃんと嫌われようと。嫌われることを恐れてうまくやろうと思うから、逆にソフト老害になるのであって。

嫌われることを恐れずに、ハッキリ伝えるようにした。

そんな僕がどう思われているかわかりませんが、もし自分が若者だったら、そんな「大人たち」の方が気持ちよく映るのではないかなと思っている。

僕が今の仕事を「辞めよう」と思った理由の一つに、40代以降、どうしてもバランスを取る立場になることが増えてしまい、自分の行動がソフト老害になっているのではないか、と思ったのもある。

必要悪とソフト老害の違い

どこにも「必要悪」というのはあると思います。「必要悪」な人がいないと会社はうまく回らないんじゃないかとさえ思います。

例えば、お金やコンプライアンスなどに厳しく、それ故に部下に嫌われる人。

こういう人は会社にとって悪役を演じてくれる必要な存在。トップに立つ人がこれをやると、下の人たちが憧れを持たなくなり、「うざい存在」になるため、ついていかなくなる。

だから、こういう存在が必要なのです。頭のいい経営者ほど、会社の「必要悪」を認識している。

「必要悪」な人は結局、仕事と会社を愛しているんじゃないかと思うんです。

この「必要悪」と、「ソフト老害」は似てるように思われがちですが、違います。

この違いを、僕が昔から仕事をしている二つの会社を例に説明します。

ある会社に勤めている40代の男性Aさんとは、20代の頃から僕もよくお仕事をさせていただきました。

若い頃からプロデューサー的なポジションで、付き合いもノリもよく仕事も出来た。ただ、30代を過ぎて40代に突入し、立場が人を変えた。簡単に言うと、結構上のポジションに出世をした。

このAさんが、部下から陰で激しく文句を言われているのです。そしてAさん自身は気づいてない。

なぜなら「自分はうまいこと出来てる」と思っているからです。

20代、30代の部下に対しては、本人たちがやりたいことをクリエイティブな理由で却下していると思っているのだが、それはAさんが上に通すのが面倒だったり、上から嫌われたくないからというのが見え見えになっている。

これぞソフト老害です。自分が若い頃には、上の人たちのことはよく見えている。だけど、今度は自分がそこに立つと「スケスケ」に見られていたことを忘れるのです。自分より下の人にはクリエイティブ魂があるフリして、上の人には優秀に見える部下として、出世を目指している。

この「うまいこと出来てる」つもりのことが実はうまく出来てないということに気づかないソフト老害の悲しさ。

そしてもう一つの会社。Bさんというクリエイターがいる。この人も僕がずっとお仕事させていただいてる方で、とても優秀なクリエイターでした。

Bさんのことをリスペクトしている若い人たちは沢山いた。

だが、Bさんも年を重ねて上の立場になった。かなりの出世コースである。Bさんは本来、そういう立場に立つタイプではなかったが、会社が抜擢した。

そういう立場につき喜ぶタイプでもなかったはずなのだが、そこで働く人たちの声を聞くと「あの人は人が変わった」とみんな口を揃えて言う。

クリエイティブ魂に燃えていたあの人が、今はその片鱗もなく、お金やコンプライアンスのことなどを徹底的に言ってくる。

Bさんが現役時代に一番嫌っていたタイプの上司になっているというのだ。

そんな中、Bさんと年の近い後輩社員のC君とお酒を飲む機会があった。C君も「おさむさんがビックリするくらい変わりましたよ、Bさん」と言うのです。「ただ」と続けた。「Bさんは、僕に言ったんです。年も取ったし、俺はマインドチェンジをしたんだよ」と。

宣言をしたのだと。それを聞き、C君は、会社でより上の立場を目指すために、堂々とマインドチェンジしたと言い切ってそのポジションをやるBさんのことを、「覚悟を決めてると思います」と言っていた。

この場合、僕はBさんは同じく部下から文句を言われているAさんとは違うと思っています。Aさんは「ソフト老害」で、Bさんは会社にとっての「必要悪」なんじゃないかと。

Aさんは、自分にクリエイティブ魂があると思ってて、部下から嫌われてると思ってない。

Bさんは、マインドチェンジをしたと言い切れているので、部下が自分のことを陰で嫌っているのを絶対にわかっている。

これが「ソフト老害」と「必要悪」の違い。

ソフト老害は自分ではなかなか気づけないから、厄介です。僕自身もそれに気づけなかったように。

大切なのは、40代でも行動次第では老害なんだという考えを世の中に広めることなのではないかと思い、僕はこれを書いています。

努力を努力と思わない異常性

「ソフト老害」の話を書いたところで、もう一つ書いておきたいことがあります。こないだとある人が言っていました。「天才とは、努力を努力と思わない能力だ」と。

本当にそう思います。

一日数千本の素振りを「やらなきゃ」と思ってる人と「強くなるためにやるのは当たり前」と思ってる人との違い。

この10年、僕は宮城野親方（元横綱・白鵬）といろいろなお話をさせていただきましたが、ずっと相撲のことばかりを考えている。「考えよう」と思っているのではなく、そういう人なんです。イチローさんと話していてもそれを感じました。

天才とは、自分の仕事としていることとプライベートの「オンとオフ」がない人なのかなと思っています。明石家さんまさんや木村拓哉さんなんかもそう思います。

僕は若い頃から努力しようなんて思っていませんでした。目の前の大人に認められるためには、これくらいしなきゃと思っていました。

それが周りから見たらすごい努力だと思いますし、今振り返ったら、時間と労力をかけてめちゃくちゃ頑張っていたんだなと思います。

自分が20代中盤の時に初めて後輩が出来ました。自分がやってきたことを当たり前のように求めましたが、その後輩は出来ませんでした。諦めていきました。僕はその頃は「みんなに認められたくないの？　これくらいやるの、当たり前でしょ」と思っていましたが、後輩のキャパは超えていました。

今になって思うのです。「努力を努力と思わずに頑張れることは才能」ですが、その「才能」がない人が多い。それは決して人に求めてはならないことなのだと。

それを出来ない人からしたら「努力を努力と思わない異常性」と言えるのかもしれません。

これに気づくことはとても大事だと思いました。

80年代、90年代、努力により勝ち上がってきた人は、今の若者にもそれを求めますが、自分は努力を努力と思わない異常性があるのだと自覚することも大事。

それに気づかないと、自分の言ってることは「老害」になるのだと。

男性の更年期障害

この章の最後に触れておきたいことが一つあります。

男性の更年期障害について。

更年期障害というと女性のイメージが強いかもしれませんが、男性も更年期障害に悩まされる人は多く、芸能人で公表している方も増えてきました。

優しいことで有名なとある男性タレントさんが、ある時期から急に怒りっぽくなり、一時は「実は嫌な人説」まで出たのですが、それは更年期障害だったらしく。

自分もこの数年、急に怒りっぽくなったりするので、更年期障害を疑っています。

男性の更年期障害は早いと30代後半から症状が出る人もいるので、40代で、なんだか自分の感情が前よりもコントロールしにくくなったり、怒りっぽくなったなと思ったら男性更年期障害を疑うのも大事かもしれません。

その影響により、カッとなって発言してしまったことで振り回されるのは、若者たちなので。

老害と思われないためにも、男性の更年期障害や、心の病にも気をつけることは大切ですね。

整理しましょう。
老害は「上の人」とそれを取り囲む「大人たち」によっても起きる。
40代から「ソフト老害」は始まっている。
嫌われるならちゃんと嫌われよう。

第二章

あなたにも代わりはいる

出世は寂しい

この『仕事の辞め方』で、どうしても書きたかったことの一つが「出世」について。

僕は19歳から放送作家の仕事をしています。22歳の時、テレビ局などに自分の同い年の人たちが「新卒」として入ってきたわけです。

最初は「絶対おもしろいものを作ってやる」と目に炎が宿っていた自分と同い年の若者たち。

20代で早々と結果を出す人もいれば、なかなか出せない人もいる。30代で成功する人もいる。中には20代後半で腐る人もいたり。

とにかく30代くらいまではいつ誰が成功してもおかしくない。

みんな30代までは社内で結果を出したいともがく。

が、しかし。40代になってくると、「出世」を目標にする人が増え始める。22歳の時には目の中に炎があった人の目の奥が、ガラスのようになってくる。

40代になると社内で役職も含めて差がつき始めてくるんですよね。それでより出世の道に進み始める。映画『スター・ウォーズ』ではアナキン・スカイウォーカーがいつからか闇の力でダース・ベイダーになるわけですが、僕は出世を目指し始める人のことをダース・ベイダーにたとえることが多い。「あ〜、あいつダース・ベイダーになったな」と思う瞬間が何度もあった。

仕事の結果だけで出世する人と、出世を目指して出世する人とでは大きく違います。残念ながら、出世を目指して出世する人の方が多い気がします。

仕事の結果だけで出世をしている人って、上の人からしたら「怖い存在」だと思うんですよね。

自分に媚《こ》びることなく結果だけで将来を生む。

逆に出世を目指している人は社内の政治を覚えて、それだけを意識して人と付き合っていく。上の人だってそういう人の方が気分がいい。自分の位置を奪う人ではなく、自分がいつか譲りたくなる人ならばいい。

そうなると、結果だけで認められる人のよからぬ噂なんかを上司の耳に入れて、妨害しようとする。

一緒に仕事していたとあるプロデューサーが、ある時から本当に出世のことしか考えなくなって、何を話していても悲しくなりました。

その人は自分が出世しか考えてないことがバレてないと思っているんですよ。あれって不思議なものです。

中学生の恋愛と大人の出世欲は周りにバレバレなんです。

くれぐれもここで言っておきますが、僕は出世するために働くことを否定しているわけではありません。それに使う労力はとんでもないからです。

だけど、出世を目指して頑張り続ける人はむなしく見えてしまうんです。

僕は若くからこの仕事をさせてもらっていたので、10歳ほど年上の人たちととても仲良くさせてもらっていました。

だから、10歳ほど年上の人たちの会社での生き様を見てきましたが、出世を目指さず、会社員としてやりたいことをやり続けた人、会社員として割り切って仕事をしてあとはプライベートを大切にする人の方が、顔色が良く本当の笑顔が多い。

出世だけを目指している人たちの行動力は本当にすごいです。社長室に社長が入っていく時間をこっそり調べて偶然会ったようにしてる人とか、会社の偉い人の息子さんが代理店で働いていて、その息子さんと仲良くして自分の評判を父親の耳に入れてもらおうとしてる人、その努力たるやすごいと思うんですが、俯瞰で見たらその生き方はとても滑稽だと思うんです。

出世を目指したけど、諦めて、自分のやりたい道に進み始める人も何人も見てきました。そういう人は憑《つ》き物が取れたような顔になります。話していても楽しい。

会社って結局会社の都合で進んでいく。当たり前ですけど。その会社を仕切る人の匙《さじ》加減一つで変わっていく。

40代後半からの10年を必死に出世のために命を懸けてやってきたのに、上の人の都合で、ラインから外された人も何人か見てきたし。

自分が出世するために、上の人を裏切ってきた人も見てきた。まさにリアル『半沢直樹』。

裏切られた人が僕の目の前で「俺はうかつだった……あいつのことは一生許さない」と言った言葉、今でも忘れません。


出世を目指すことに命を削れる人は、もはや幸せなのかもしれません。だけど、あなたがその会社でどれだけ頑張っていたとしても、会社がそれを100％評価してくれるとは限りません。

会社なんてそんなものだと割り切って、出世を目指すのはいいかもしれません。

ですが、もし、今40代後半で出世を目指そうとしてる人がいたら、その人生が寂しいものになる可能性が限りなく高いことをお伝えしたい。

出世の道に進む前に、一度、今の会社を辞める自分を想像してみてはいかがでしょうか？

ちなみに出世から解放された人は、なぜかマラソンを始める人が多いです。自分との闘いになっていくのでしょうか。

あなたが抜けたほうがいいかもしれない

会社で働いてる人は、会社のことを背負って働いてる人も多いでしょう。フリーでやっている人も、自分で起業した人も、自分の仕事を必要以上に背負っています。

それを悪いとは思いませんし、そういう人が求められていると思います。

ですが、僕はある時からこう思うようになりました。「自分の代わりなんて絶対にいる」。

代わりはいるんです。

自分の代わりはいない。自分がこの仕事を辞めたら、会社を辞めたら、大変なことになるぞと言ってる人をたまに見ますが、意外とそんなことないんです。

大変なのは辞める前。辞めると言った時から、抜けた後のチームをどうするか決めるまでです。

でも考えてみてください。あなたがいつも面倒を見ている後輩がいたとします。その後輩があなたに「辞めないでください」と泣きながら訴えたとしても、その後輩にとっては実はあなたが辞めることはチャンスになるんです。

辞めてダメージがゼロかと言えばそうではないかもしれません。でも最終的にはどうにかなるし、あなたが抜けた穴を補強しているうちに、前よりチームワークが良くなる可能性だってある。エースが抜けた後の方が売り上げが上がる時もあるんです。

「代わりはいる」ことに気づいた日

ここで、僕が誰かが辞めても「代わりはいる」と思うようになったエピソードを紹介しましょう。

僕は19歳の時に千葉県南房総市のかなりの田舎町から東京に出てきました。

そして居酒屋でバイトを始めたんですが、江戸川区の西葛西駅のすぐ近くにあった、100人ほどの宴会が出来る大きな店でした。

僕はフロアを希望していたのですが、キッチンでの採用になりました。当時、時給950円。

店には内田さんという僕より10歳ほど年上の社員の方がいました。内田さんは元々フレンチのシェフをしていて、お店のオーナーと内田さんの親が知り合いで、何かしらの理由があってそこで働いていました。

内田さんは、フレンチのシェフだけあって、とても料理がうまかった。正直、フランチャイズの居酒屋のキッチンをやっているレベルの人ではなかった。本人もそれが納得いかなくて超イライラしていました。

だけど仕事は出来る。とてつもなく出来る人で、100人満員の宴会が始まってもすごいスピードで仕事をこなしていく。

片や僕は包丁もまともに握ったことがない人間です。内田さんはバイトの僕にめちゃくちゃ厳しく指導しました。僕はあくまでもバイトなのに、包丁の握り方から、食材の切り方から礼儀作法まで。グーで頭を殴られるのなんて日常茶飯事。包丁の背で僕の頭を殴ることもありました。

内田さんが怖すぎて、僕は必死に仕事を覚えました。内田さんは、店員さんのまかないを作ることに結構エネルギーを使っていました。居酒屋のまかないなのにフレンチを作ってしまうのです。そのまかないを作る時も僕に教え込むのです。僕はあくまでもバイトです。料理人を目指しているわけじゃない。なのに、とても厳しく様々なメニューを教える。

僕は辞めることを何度も考えましたが、バイトしたのも初めてだし、簡単に辞めていいものじゃないと思っていた。なんならそれが当たり前だと思っていた。

内田さんに怒られたくなくて毎日、頑張ってバイトしていました。だけど、内田さんに怒られてばっかり。

内田さんは口癖のように「俺がいなくなったらこの店回らなくなるぞ」と言っていました。

僕も他のバイトもそう思っていました。

内田さんは人間的に好きではなかったけど、仕事はとても出来る。この人がいないと店は回らない。

ですが、半年たち、内田さんが店を去る時が来ました。突然いなくなりました。

そしてバイトの僕が内田さんの代わりにキッチンでチーフをすることになりました。めちゃくちゃ不安。絶対店が回らない。

そう思っていたのですが、いざ始まってみると、僕はキッチンでめちゃくちゃ料理が出来るようになっていました。内田さんほどじゃないですが、内田さんにしごかれまくっている間にとてつもない力がついていたのです。内田さんがいなくなって初めて、自分の能力が伸びていることに気づけたんです。

内田さんがいなくなり、僕がキッチンを回すようになり、フロアのバイトも僕と同世代だったこともあり、店全体の空気もよくなり、チームワークがさらにまとまり、以前よりも多くのお客さんを回せるようになったんです。

この経験は僕にとってとても大きかった。能力の高い人が一緒に仕事をしている時は、下にいる人はその伸びているはずの能力を自覚出来ず、使うことが出来ないのだと。

そして、能力の高い人が抜けても、どうにかなるのだと。能力の高い人は、自分の周りにいる人の能力アップを認めたくないし、理解出来なかったりするんですよね。

人は任されると、能力が急に上がったり覚醒することがある。

だから、能力が高い人がいなくなっても、どうにかなるのです。

代わりはいるのです。

誰かが抜けたら誰かが出てくる

この世界に入ってからも思いました。

放送作家は一つの番組に複数人で呼ばれてアイデアを出したり、構成を作ったりするのですが、必ず「チーフ作家」という立場の人がいます。チーフ作家には決定権があるので、当然誰もがそこに立ちたい。

僕が30歳の時でした。放送作家をやって12年目。おかげさまで放送作家としては仕事を沢山頂けるようになっていましたが、「チーフ」という立場で仕事をすることはあまりなかった。

そんなある日のこと。テレビ朝日のプロデューサーDさんから、新たな番組の依頼を頂きました。とある芸人さんで新番組を作りたいと。

Dさんとはすでにゴールデンで番組をやっていました。その番組にはEさんというチーフ作家さんがいました。Dさんもかなり信頼していたのがそのEさん。

Dさんは、Eさんをチーフに僕と3人で新番組の会議をしたいということでした。

会議は、ゴールデンの番組の会議後に行う予定でした。

会議が終わり、夜22時過ぎ。別の会議室に移ると、Dさんと下のプロデューサーが来た。そこからEさんを待ちますが、来ない。さっきまで一緒に会議していたはずなのに、なかなか来ない。

Dさんが電話すると、Eさんは間違って帰ってしまったというのです。Dさんはとてもショックを受けていました。

忙しいからわざと帰ってしまったと思ったのかもしれません。

僕は、会議をリスケして後日に行うと思ったのですが、Dさんは、そこでEさんなしで、会議を始めました。

Eさんと会議をするとEさんのその天才的発想に僕がアイデアを足したり、別角度でアイデアを言ったりしていましたが、自分のアイデアで一から始めるというのは、あまりない経験でした。が、そこで、結構おもしろいアイデアを出すことが出来て、その企画でいくことになったのです。

Dさんはその新番組に後からEさんを入れることはなく、僕がチーフ作家になりました。

僕のアイデアで出来た新番組は高視聴率を獲得し、そのチームで新番組を作る機会が増えていき、僕をチーフ作家として呼んでくれるようになりました。

チーフ作家として番組が当たりだすと、周りも「あの人はチーフ作家でいい人なんだ」と思い始めます。

野球選手はどれだけ才能があっても、監督が指名しなければバッターボックスに立つことが出来ません。

自分の才能を信じて、バッターボックスに立たせてくれる人がいて、初めて活躍することが出来るんです。

だから自分を信じてくれる監督に出会えるかどうかというのも、人生においてとても大事なことだと思うのです。

ちなみに、その時にEさんが来ないことから始まった新番組は、色々形とタイトルを変えましたが、メインキャストはそのままに、ゴールデン番組となり今でも続いています。

このことからわかるように、才能はあるけど打順が回ってこない人って沢山いるんです。

誰かが抜けても、そういう人に打順は回っていくんです。そして誰かが大きく打つんです。

代わりはいるんです。

マツコ・デラックスが売れた理由

芸能界での「代わり」の話をしましょう。

2011年、東日本大震災から5ヶ月後。夜22時から行われた異例の記者会見。会見したのは、当時、超人気司会者の島田紳助さんでした。

まさかの引退会見でした。引退理由はわざわざここでは書きませんが、日本中が驚きました。

レギュラー番組を多数持ち、全てが人気番組。なのに突然の引退。

テレビ界がパニックになりました。明石家さんまと島田紳助。ノリにノっていた超人気司会者の一人が突如芸能界からいなくなる。

テレビ界は宝を失い、「もうテレビがおもしろくなくなってしまう」と思った人も少なくなかったでしょう。

でも、この年からある人がテレビ界で、注目を集めていきます。コメンテーター出演はしていましたが、自分の冠番組を持ち始め、大きくブレイクしていく。

それがマツコ・デラックスさんです。

マツコ・デラックスさんは、島田紳助さんがいなくなった後くらいから、その存在感を増していきました。

結果、レギュラー番組を多数抱えるテレビ界の新たな宝となったのです。

島田紳助さんがいたとしても、マツコ・デラックスさんは売れていたという人もいるかもしれません。

ですが、僕はそうは思いません。

島田紳助さんがいなくなったことにより、テレビ界は、新たなるスターを探すことを急務とするわけです。

そこで今までチャンスを与えなかった人にも与えるわけです。その中で、マツコ・デラックスさんが勝ち上がってきたと僕は思っています。

この人いなくなったらもう無理だよ……って人がいなくなっても、別の人が出てくるのです。それが世の中です。

大事な人がいなくなるとチームは強くなる

随分と前の話になりますが、1996年、当時、6人組だったグループ、SMAPは、メンバーの一人だった森且行《かつゆき》さんがオートレーサーになるため、芸能界を引退しました。現役のトップアイドルが辞めてオートレーサーになることは日本中に大きな衝撃を与えました。

歌も芝居もうまかった森さんが抜けることは、SMAPにとって大きな打撃。大丈夫なのか？　と心配の声が多くあがりました。

が、5人になったSMAPは、森さんの抜けた分をお互いがカバーし合って、個々がより強烈な存在になりました。

僕も当時、『SMAP×SMAP』という番組が始まったばかりで、スタッフはみんな森さんが辞めることに焦りましたが、その大きな危機感が燃料となり、沢山のアイデアを出して、番組はよりおもしろくなっていきました。

大事な人がいなくなることにより、焦りと危機感から、チーム力・組織力はさらに上がり、前よりも筋力がついて力強くなれる。その実例ですね。

割り切ることも大切

と、実例を出してきましたが、自分の代わりはいないと思って働いてる方は、ぜひ、「自分の代わりはいる」と思って働いていただきたい。

そうすることにより、視野が広がります。自分の代わりがいるからといって、頑張り方を変えるわけではありません。

今の仕事や会社に対して、割り切る思いを持つことにより、前よりも今の仕事が好きになる可能性もありますし、あなたの才能を今の会社以上に評価してくれる人の存在に気づけるかもしれない。

その会社のトップに立つ人は、もちろん社員のことが大事です。ですが、社長にとって一番大事なのは会社。その会社を守るために人事をしていくことになります。

色んな会社を見ていると、時に、周りの人が驚くような人事をする会社があります。長年、社長の右腕だと言われてきた人ではなく、意外な人物に大きなチャンスを与える。

これって、ずっと右腕としてやってきた人からしたら「裏切られた」と思うかもしれませんが、外部から見たら、会社をより成長させるための「さすがの人事」と思う人もいます。

自分の目線だけで今の仕事や会社を見るととても危険です。

割り切る思いを持つことで、今の自分にとっての仕事の位置づけを「俯瞰で見る」ことが出来るのです。

この「今の仕事での自分の立ち位置を俯瞰で見る」ことについては生きていく上でもとても大事なことだと思いますので、後述します。

第三章

ワクワクしなくなったら仕事を辞める

ビジネスセックスレス

第一章のこんまりさんの話に戻りますが、家の洋服だけでなく、ときめくかどうかは自分の仕事にこそ生きる考えだと思うんです。

今の自分の仕事、これからの仕事を想像して、ときめくかどうか？「これから10年、今の仕事をしている自分がワクワクするかどうか？」が大事なんです。

僕は51歳。この数年でも色々なお仕事をさせていただいてます。テレビの枠を超えて様々な仕事に挑戦させていただき、２０２４年にはNetflixで自分が企画した大型ドラマが配信予定です。

ですが、この先10年、ワクワク出来るか？と考えたら、そうではない自分がいることに気づきました。

この先、ワクワクするために生きていくにはどうしたらいいのか？と考えると、「人生がときめく片づけの魔法」と同じなんですね。

ワクワクするために手放さなきゃいけないものがある。

手放すから、この先ワクワク出来る。

僕が仕事を辞めることを報告すると、何人もの人に「もったいない」と言われました。ありがたすぎる言葉です。もったいないと言ってくれるなんて。

だけど、もったいないと本気で言ってもらえてるうちが花。

でも、周りがもったいないと言ってくれることに自分がワクワクするかは別の話です。洋服ダンスの服を見てワクワクするかどうかを決めたように、自分の今の仕事、そしてこれからその仕事をしている自分にワクワクするかどうかを考えてみた結果。

ワクワクしなくなっている自分がいる。

セックスレスという言葉があります。付き合って最初の頃は燃えるセックスですが、慣れ親しんでくると前のような興奮やときめきがなくなる。そして、セックスしなくても、それが当たり前の関係になってくる。

恋愛や夫婦においては、セックスレスになっても、愛しい関係を作ることが出来るかもしれませんが、仕事に対してのセックスレスは良くないと思っています。

仕事というものは基本しんどいものだと思ってます。だけど、その中に一滴の興奮とワクワクがあるから、それで再びモチベーションが上がり頑張れる。

だけど、仕事に対して前のような興奮とワクワクがなくなってきたら、それはビジネスセックスレスだと思うんです。

これは辞めることを考えるサインだと思っています。

経験値の円の中にいませんか

そして、仕事に対して、経験値が増えるということは素晴らしいことなんですが、経験値が増えすぎると、新たな仕事に挑戦しても、想像がついてしまうことが多い。

想像がつくからといって簡単になせるということではありません。ミスすることだってあります。ですが、その起こりうるミスも含めて想像がつく。

どんな仕事をしても、経験値の円の中にいる気がする。会社からしたらその経験値を持っている人材は貴重なんですが、僕にとっては、ある時からそれが怖くなったんですね。

ずっとこの円の中で仕事をしていくのかと。

その円は年とともに少しずつ大きくなってはいるのでしょうが……。経験値の円の中にいることに気づいた時に、それが一つのきっかけになりました。

楽しかったことは一度もない

僕はこの32年間の仕事を振り返ってきて一つ気づいたことがあります。

これまで、沢山の仕事をさせていただきました。かなりのビッグチャンスももらいました。

その中で「嬉しかったこと」は沢山あります。想像以上のものを作れたり、あとは何より、そこに結果がついてきたり。そして「やり甲斐があったこと」も沢山あります。

そして「感動したこと」も沢山あります。

ですが、「楽しかった」と思ったことは一度もなかったなと気づきました。

このことは、辞めると決めてから気づいたのですが、周りの人に「これまで仕事してきて楽しかったって思ったこと、一度もないんだよね」と話すと驚かれます。たまーに理解を示してくれる人はいます。

楽しくなかったからダメということではないです。僕にとって今の仕事は、天職だと思っています。

緊張があることこそ最高の経験

じゃあ、なぜ「楽しい」と思ってこなかったのか？

それは、僕が23歳の時から20年以上お仕事をさせていただいたSMAPと、そのマネジメントをされていた飯島さんの存在が大きい。

僕がSMAPの皆さんとお仕事をさせていただくようになってから、グループはただただ巨大になっていく。その仕事をしていく上で振り落とされたくないと思って必死でした。

目の前の仕事を全力でこなしていくのに一生懸命。与えられる仕事は、自分がいつも着ている服よりちょっと大きいサイズという感じで。その服を「いつも着てますよ」風の顔して着る感じ。本当はその仕事を与えられて、自分のサイズに合ってないのに、合ってるフリしてやって、結果を出していくしかなかった。

そして20代のうちから、自分がおもしろいと思ったものを世の中に発信していくことが出来るのは「嬉しい」ことではあるのですが、その場合は責任を問われます。

だから楽しんでいる時間はなく、常に「緊張していた」のだと思います。

マネジメントの飯島さんは、絶対に妥協をしません。飯島さんは、若くておもしろいと思う人をピックアップするのがとてもうまくて、チャンスを与えられた方は嬉しいし、頑張る。

結果、成功して、その人がその分野でトップになっていくことが多い。

売れてる人を起用するのは簡単ですが、若手の時代から育てるってとても難しいですよね。

さらに飯島さんがすごいのは、自分と一緒にやってきた人がどれだけ売れようが関係ない。

自分の仕事で手を抜いたりしたらすぐに見抜くし、めちゃくちゃ厳しく注意されます。

僕も沢山のチャンスを頂きましたが、たまに、かなり厳しいオーダーもされましたし、怒られてもきました。

だから緊張感をもって頑張れたのだと思います。

そして、今まで絶対に作ることの出来なかったものを作るチャンスや環境も用意してくれました。どれだけ経験を積んでも自分の経験値では計算出来ない仕事がたまにやってくる。それに対して結果を出したいので、若手のような頃の気持ちで頑張れる。

ずっとそのような気持ちでやってきたから「楽しくなかった」のだと思いますが、振り返ってみると、それって最高の経験が出来たなと思っています。

ＳＭＡＰが解散して、それからもありがたいことに、色々な仕事のチャンスを頂けています。２０２４年配信予定のNetflixドラマ『極悪女王』では、企画・脚本・プロデュースというありがたすぎるポジションを頂きました。これは配信されたら、絶対グローバル１位を取るつもりでいます。

とあるアーティストの伝記をもとにした映画も作っています。これがうまくいったら、日本の映画でありそうでなかった新たなジャンルを作れるなと思っています。

こんな仕事をやらせていただいてるし、全力で頑張っています。

ですが、なんでしょう。20年以上とてつもない緊張感でやっていた時のスイッチが入り切らない。

僕は若手の頃から、まず目の前の人に褒められたいと思ってやってきました。そしてＳＭＡＰと仕事をしてからは20年以上、メンバーや飯島さんにおもしろいやつだと思われ続けたいなと思ってやってきました。

だけど、僕が今、仕事をしている状況は、以前のように大きな緊張感を持って、この人にいらないと思われたくない！　この人にめちゃくちゃ褒められたい！　ということがかなり減ってしまっている。

エクスタシーを感じる状況が減っていて、仮に大きな結果が出たとしてもそれはあくまでも結果であって、自分は緊張感ある過程の中でそのエクスタシーを生み出していたのだなと気づきました。

だからきっとそれが僕のビジネスセックスレスなのでしょう。

自分を求めてくれる人がいたとしても、きっとこれは「終わるべきサイン」なのだと思います。

おもしろいもので、「辞める」と決めたら、久々に経験値にないおもしろい仕事のオファーが来ました。

辞めると決めるとそれが来る。だからといって、これで再び続けようとは思わない。きっとそれは「辞める」と決めた自分への仕事の神様からのプレゼントなのだから。

惰性をやめる

僕の座右の銘で「縁が円になる」という言葉があります。僕がこの仕事をしてきて一番大切にしていることは人と出会うことでした。

人との出会いは「縁」です。その縁を重ねていくと、いつのまにか点と点が円になるように、縁と縁がつながって「円」を描きだしていることに気づきました。


僕は51歳。30代の頃は仕事をしている仲間とお酒を飲むことが多かったのですが、ある時、それが怖いと思うようになってしまいました。

結局、会議でも外でも、その仕事の話をしているのです。もちろん話している内容は違いますが、ずっとその仕事の話をしていて自分にあまりインプットがない。

そして、同じ年代の人と、酒の場で話すことも同様で。仕事のジャンルこそ違えど、悩みや考えていることは似ていたりする。もちろん、それを話し合って情報交換することも大事なんですが、ずっとルーティーンの中にいる気がしたのです。

ルーティーンという円の中。


だから40代から、僕は、仕事の人との話はなるべく仕事の中でして、あとは年に数回、会食したり飲みに行く。深く仕事と関係のある人と「惰性で飲みに行くことはやめる」ことにしたのです。

その時間を、新たな出会いの時間にする。

みんな若い人と出会う機会がないという人が多いですが、そんなことはないです。

必要とされる場所でこそ輝ける

縁の話について一つここで書きたいことがあります。

僕が39歳の時でした。同郷でとても仲良くしていた芸人F君。毎日のように飲みに行っていました。仕事の愚痴なんかを聞いてもらっていました。

F君は芸人としてブレイクしていたわけではありません。彼も30代半ばに突入していて色んな焦りを感じていました。特にお金に関して悩んでいたと思います。

毎日一緒にいたF君といきなり連絡が取れなくなりました。俗に「トブ」と言うやつですね。数日後「芸人を辞めます」と連絡が来ました。

10年以上やってきた芸人を彼は辞めることにしたのです。きっとその決断までに色んな思いがあったのだと思います。それに僕は気づいてあげられませんでした。

F君は最終的に辞める理由をこう言っていました。「お笑いの世界に1番目指して入ってきたはずなのに、1番は無理だって気づいて、10番以内に入るのも無理だって気づいて。じゃあ、今俺は何番なんだろうって冷静に数えてみた時に、辞めることを決めました」と。

その理由を聞いて、僕は引き留めるのをやめました。

F君は辞めた後に、家業を継ぎましたが、そんなに長くは続きませんでした。再び東京に来て自分で水商売のお店を経営しました。数年頑張りましたが、お店を閉じることになりました。F君は会うたび、悶々《もんもん》としていました。

好きで始めたことを辞めるというのはとても厳しいことなんだと思いました。しかも、志半ばで辞めた時こそ厳しい。

夢は諦めた瞬間、時として亡霊になり、ずっとずっとまとわりついて苦しめるんです。それは想像より長く、F君は10年以上その夢の亡霊に苦しめられました。

ですが、そんなF君、2022年、思い切って地元の市議会議員に立候補しました。いきなりの立候補。なかなか厳しい戦いでしたが、当選することが出来ました。

今、彼の目は輝いています。なぜなら彼は今「必要とされている」からです。自分が必要とされている場所を見つけ、そしてそこには金銭的な余裕も大きいと思います。

と、話が逸《そ》れましたが、ここで、書きたいのは「縁」についてです。

縁が円になる

Ｆ君がいなくなって、僕はほぼ毎晩飲みに行く仲間がいなくなりました。心にぽっかり穴が開いた気持ちになりました。

当時、僕は青山に住んでいたのですが、毎日、家に帰る時に通る道に、お城のような建物がありました。

そのお城は古くからやってるフレンチのレストラン。そのお城の横には地下に通じる階段があって、そこに深夜遅くまでやってるＢＡＲがあったのです。

僕は青山に引っ越した時から、そのお城のＢＡＲに気づいており、毎日、そこを通りながらも行く勇気は持てませんでした。

ですが、ある日。Ｆ君がいなくなり、深夜にそのＢＡＲの前を通った時に、急にそのＢＡＲに引っ張られるように入りたくなったのです。

本当にお城のような分厚い扉を開けて階段を下りていく。

さぞやセレブな方がいるかと思いきや……一人の女性の笑い声が響き渡る。

広い広い店内には大きなカウンター。そして男性と女性のバーテンダーさんが一人ずつ。

カウンターに座っていたのは僕より20歳年上の女性でした。

セレブな方には間違いないんですが、とにかくよく笑っている。

話を聞くと着物デザイナーの方で、くだらないことで本当によく笑う。そして、僕にも沢山話しかけてくれて、お城のようなＢＡＲに間違いはないのですが、アットホームな感じにすぐ馴染《なじ》みました。

それからそのＢＡＲに週に3回は通うようになりました。そこで、今まで出会えなかった大人な方々に沢山出会うことが出来ました。

この時覚えたのは、こういう場所で人と会ったら自分のことを丁寧に、そして興味深く短く話していくことです。

そして相手の話を聞き、自分が知らない世界をどんどん知っていく。

ちなみに、この時に出会った着物デザイナーの方に、僕ら夫婦が結婚披露宴をしてないことを話すと、「絶対やった方がいいよ」と強く勧められて、それから半年後には、ＢＡＲの上のレストランで「結婚10年感謝の宴」と題し、70人ほどの方をお呼びして、10年目の披露宴を行うことになりました。人生の中でもとても思い出深いものになりました。

僕の芸人の友達が辞めてなければ、そのＢＡＲの扉を開けてないですし、着物デザイナーの方にも出会ってないですし、結婚披露宴もやってない。

このお城のＢＡＲでの経験が僕を変えてくれました。

例えば、駅から家まで、いつもは通らない道を通って帰るだけで景色は変わる。

いつも前を通っているけど、入ったことのない店に入ってみるだけで、出会いがあるかもしれない。

そして仕事場以外の場所での、新しい出会いによって、自分のことを話すことで、自分の人生を俯瞰で見ることがより出来るようになったのです。

一緒に仕事をしてない人とお酒を飲んだりご飯をすることは、いつもと使う脳みそが違うことにも気づけました。自分の仕事で起きたトラブルなんかを話す時には、伝えるために自分たちの働く環境などの丁寧な説明が必要です。だから説明力も上がってくる。

自分が話せば話すほど相手も信用して色々なことを話してくれるので、相手の話から、自分のフィールドにない情報が入ってきます。

人生、ちょっとした勇気を持って扉を開けると、今までにない出会いと縁が訪れることがあるのです。

お酒や食事だけではなく。自分が気になっている趣味を始めるのもよいでしょう。

同じ趣味は同じ熱量を持てますから、いい仲間が出来る可能性が高いです。

友達を作るためにマッチングアプリを使うのもいいと思います。

僕は40代の頃、自分が直接一緒に仕事をしてない人たちと沢山知り合い、仕事以外の時間は、仕事では感じられないワクワクを経験してきました。

結果、仕事につながる縁も出来て、まさに「縁が円に」なったのです。

ワクワクしているかをチェックする

日頃、仕事しながら生きていると、自分のルーティーンを疑うことを忘れてしまいますが、自分の毎日のルーティーンを疑い、その行動の一つ一つに、ワクワクしているかどうかをチェックすることはとても大事なことだと思うのです。

自分が日々のルーティーンにワクワクしているかをチェックすることにより、人生はすぐに今より1・5～2倍は有意義なものになっていきます。

そして、一番疑うべきルーティーンが今の仕事。
ワクワクしているかどうかをチェックすることが大事なのです。

第四章

なぜ40代はしんどいか
〜世代別の仕事論〜

40代はしんどい

僕はこの仕事をしてきて30代の時にふと思ったことがあります。それは「もしかしたら40代ってしんどいんじゃないか」と。

その日から僕がリスペクトしているこの業界の先輩方に聞いていったんです。「40代ってしんどくなかったですか？」と。

すると、みんな口を揃えて言いました。「しんどかった」と。

だから40代に入る時に覚悟していました。40代は「しんどいぞ」と。そして、その40代をどう生きたかによって、50代をどう生きるかが決まってくるなと。

なぜ、40代がしんどいか、様々な人に聞いた体験と僕の経験で感じたことを、あらためて世代別に書きましょう。

20代は運を手に入れるために動く

まず20代。20代は「運」がかなり左右する気がします。同じ才能があったとしても、運のいいやつにチャンスが舞い降り、それを成功させて、一気に上に飛び抜けることが出来る。20代の時にチャンスを摑《つか》んで成功させた人は、とても目立ちやすく、「若くて才能があるやつ」と、「大人たち」からちやほやされます。

「運」と書きましたが、「運」も実力のうち。「運」を手に入れる人は、感覚でその方法をわかっています。

宮城野親方が歌手の松山千春さんに言われたことを僕に教えてくれました。「運」という字は「軍」が「走る」と書いて「運」となる。

軍とは戦であり、戦で走り続けたやつが「運」を手にするんだと。

それを聞いた時に、納得しました。

僕はよく「運」を「雨」にたとえます。「運の雨」が降っているとすると、その運の雨が降っているところに立っていなければ運の雨に当たることが出来ない。

家の中にじっとしていたり、いつも同じ場所で同じ仲間といて満足している人は、その運の雨に当たる可能性が限りなく低い。

出会いやチャンスを求めて果敢に様々な場所に出かける人こそ、運を摑める。

僕は運の種は「縁」だと思ってます。様々な場所で出会った「縁」が運の種で、何かのチャンスにつないでくれると信じている。

20代で成功する人って、この「運」を手に入れるために、動いています。

嫉妬を応援にする

ただ、20代で成功する人について回るのが「嫉妬」です。20代で何かを成功させた人は周りから「嫉妬」される対象にもなります。嫉妬というのはとても怖いものです。

一人の嫉妬が他の人の同じ嫉妬の思いとくっつくと、それが大きな「念」に変化していく。

嫉妬されていることを自覚せずに、自分のことだけ考えて走っていくと、足をすくわれることが多い。

良からぬ噂をたてられたり、上司の耳にネガティブな情報を入れられたりして、潰されそうになることもあります。

20代での成功って、まだ足腰が弱くて筋肉がついてないから、転びやすくもあるんです。

20代で成功した人が、一度つまずくと、その後、もう一度立ち上がるのは大変です。今まで成功してない人よりも、20代で成功したけど失敗した人の方が次のチャンスをもらいにくい。

20代で成功した人、結果を出せた人は、自分に嫉妬してるであろう人を自ら味方に取り入れることが大事です。

自分より年上の人ならなおさら。自分から甘えて、その人を飲みに誘って、あえて仕事の相談をしてみたり。成功してる人ほど自分の弱みを見せませんが、20代ですから、逆に、弱みを見せることで「こいつ、こんな部分もあるんだ」と可愛《かわい》がってもらえる可能性が高い。

そして、自分しか知らないであろう情報も、その人にこっそり教えていく。そうすることにより、相手は「自分を大切にしてくれているんだ」と感じて、嫉妬ではなく、それが愛《いと》しさになり、応援してくれるのです。

嫉妬がくっついて念になると書きましたが、その念が「応援」になったら、その人は

20代を過ぎて30代になっても走り続けていけるでしょう。

30代はプラス1の「根性」で結果を出す

仕事で差が開くのが30代。20代でチャンスを摑み、嫉妬するはずの仲間も味方につけられた人には充実した年代になるはず。

20代でチャンスを摑めなくても、30代でチャンスを摑み、逆転していく人を多く見てきました。

30代は、そのプロジェクトのトップに立つ可能性が高くなってきます。会社の上から「任される」ことが大きくなってきます。なので、プロジェクトの成功は、大きな手柄になります。30代の成功は、そのまま今後の会社での立ち位置に大きく影響します。

30代で大事なのは、上からの信頼と下からの信頼。上からの信頼に必要なのは、「プラス1の根性」です。「根性」と言うと古臭く聞こえますが、パワハラに対して厳しくなっているこの時代に、1時間早く会社に来るとか1時間残業ではなく自分で勝手に仕事するとか、上司が部下にやれと言いたくても言えないことをするのは大きなプラスになるでしょう。

40代、50代の上司たちはそういう時代を勝ち抜いてきているのですが、今は自分たちの当たり前を押し付けてはいけない時代。だからこそ、ちょっとした「根性」に見える努力は大きな評価になるはずです。

30代でチャンスを摑めると、自分の発言権で物事を大きく動かせ、結果が出た場合は目に見えるので、充実感があり楽しいはずです。

そうやって結果を出して充実感のある30代は、20代の人から見たら、キラキラ感があり、憧れにも映ります。

社内で自分の評価が上がっていくことを感じることが出来るでしょう。

結果が出たことを社内でも社外でも評価されやすいのが30代です。

40代は耐え忍ぶ

そして問題の40代です。40代は、今度は、下の人たちを管理しなければいけない年代になってきます。

経験値が増えて、20代、30代の頃は気にしなくてよかった会社の事情なども気にし始める年代です。

40代になって気づくのは、結局、世の中は60代、70代の人が回しているということ。会社で社長が50代の人だったとしても、「会長」や「相談役」を名乗る60代、70代の人たちの意見が強く、その意見が下りてきてしまうのが40代。

30代の時には気にしなくてよかった会社や仕事の事情を気にしなければいけません。なので、上のことを気にしながらも、30代以下にはやりたいようにやらせてやりたい。でも、自由にはさせられない。だからバランスを取ろうと思って行動していることが、下の世代からは「うざい」と思われてしまうことが多い。

では、30代の勢いそのまま、40代も突っ走ろうとすると、飛んでる蚊が大きな手でバチンと叩《たた》かれるように、潰されます。

30代の時は知ることもなかった会社や世の中の現実・事実を突きつけられて、理想だけでは会社という組織が回らないこともわかってくる40代。

30代はただ仕事の結果だけで上から褒められやすいが、40代になると「会社のことも全部理解して、うまいことやれよ」と圧がかかってくるようになる。

その事情を30代や20代には言えないので、なんとかバランスを取って頑張ろうとする自分が、格好悪く見える。

そして、30代で結果を出していると、結果を出すことが当たり前になってくるんですよね。

だけど、全てがうまくいくわけはない。30代でうまくいった人は、必ず、うまく回らなくなってくることが増えてくる。これは仕方のないことなんですが、そうなると、30代で当て始めた人の方が、周りにはキラキラして見える。その葛藤に悶《もだ》えるわけです。

だからこその耐え忍ぶ40代なんですよね。

40代は「縁の円」を増やす

この本を読んでいる30代の後半の人は、40代は地獄じゃないかと思うかもしれませんが、僕はその40代にやっていたことがあります。外での出会いを増やし沢山の縁を作ることです。

30代で色んな仕事を経験すると、単純に「出会い」が増えますよね。一回仕事して終わりなんてことも当然多いわけですが、40代は、そういう一回の出会いを大切にして、より広げるようにしました。

30代は目の前の仕事をこなしていくだけで精一杯だったのですが、40代になり、仕事で出会った外の人たちとより意識して交流を持つようにしました。

そして、自分が知り合った人と人とをつなげると、相手もまた別の人をつなげてくれます。「縁を円にする」と言いましたが、この「縁の円」を沢山作る。そして一つずつの円を大きくしていくことに時間を費やしました。

40代だからこその信頼もあり、40代だからこその円の広がり方をしました。

目の前の仕事を頑張るのはもちろんなんですが、仕事と直接関係ない部分を広げていく。

そうすることにより、それがまた仕事と関わってくる。

40代終盤になり、気づいたのは、この「縁の円」を増やすことにより、仕事をしている時に頼れる人の選択肢が増えていました。

この選択肢は人生の選択肢にもなってきます。自分が生きていく上での選択肢が自然に増えていることに気づけました。

つまり、「縁の円」を増やすことにより、自分が今の仕事を辞めた時の「選択肢」が増えていることがわかったのです。

40代は「語らないこと」

前述したように僕は40代後半になってから、普段仕事している人と食事したりお酒を飲む回数をかなり減らしました。結局、仕事で話していることと同じようなことを話すんですよね。話が延々とループしている。

なので、仕事の先の縁で出会った20代の若者と食事したりお酒を飲むことが多いです。これも縁を円にしています。

この時に大事なこと。「語らないこと」です。40代以上の人は若い世代と飲む時に、自分のことを語りがちです。これは20代からしたらとんでもない時間の無駄遣い。

20代に、自分が知らないことは知らないと認めて、知らないことを沢山教えてもらう。

そうすると、今度はその20代が自分たちが尊敬している40代の人と会わせてくれたりして、どんどん円が大きくなっていきます。

腐らず努力を続けることが大切

40代はしんどいと書いてきましたが、もちろん、中には20代、30代はコツコツとやってきて40代になり爆発する人もいます。そういう人は、結局、腐ることなく努力し続けてきた人。運を摑むために走り続けてきた人なんですよね。

僕は40代はしんどいのだと思って40代を迎えたので、縁を円にして過ごした40代はとても貴重なものになりました。

そして50代になり、「仕事を辞める」という決断をしました。

僕の周りには、お陰様で様々な「選択肢」が生まれていました。

鈴木おさむの20代

ここで僕の20代、30代、40代を一つの例として見ていただきたい。

20代。

仕事を始めたばかりの僕は大人たちに自分のことを認められたくて必死でした。

目の前の人に必要な人間でありたいと。

僕は最初にニッポン放送というラジオ局で放送作家の見習いとして仕事をスタートさせていただいたのですが、そこで働く人から見れば僕は「小僧」です。興味のない存在なわけです。

僕が何を話しても興味を持ってもらえない。そりゃそうですよね。普通の大学生の話なんて興味もない。

どうやったらこの大人たちに興味を持ってもらえるのかと必死に考えました。

その当時、東京でＳＭクラブが流行《はや》り始めて、大人たちがそんな話をすることが多くなりました。「どんなところなんだろう」という興味。

そこで僕は考えました。ここに行って体験してきたら、僕という人間に興味を持ってくれるんじゃないかと。

僕は当時はまだコンビニで売られていた風俗雑誌でSMクラブを調べて、目黒の「ラビリンス」というお店に目を付けて予約しました。

もうドキドキです。そしてお店に行き経験してきました。全てのことをメモりながら。Mコースよりコースの方が高いんだなとか。全てが新しい情報。

SMクラブに行った翌日、ニッポン放送に行き、いつも僕に興味を持ってくれない大人たちに恐る恐る話しかけました。「あの〜、実は昨日SMクラブに行ってきまして」と。それを言った瞬間「え？　マジで⁉」と僕に興味を持ってくれました。そしてそこからの僕の話を笑いながら聞いてくれました。

その日から、その大人たちは、僕のことを「おもしろいやつだ」と、「興味あるフォルダー」に入れてくれたのです。

このフォルダーに入れてもらえるまでが大変なのですが、僕は体を張った経験で入れてもらえたのです。

この日から、今まで僕が書いてきても興味を持って見てくれなかった原稿を、「もしかしたらおもしろいかも」と期待値を持って見てくれるようになりました。

僕はそこから、とにかく「目の前の大人たちに認められる」というモチベーションで生き始めます。

とにかく量をこなす

仕事もそうなんですが、その人たちに認めてもらうために、公開された映画をいち早く見たりとか、そういう努力も始めました。

そして、もう一つ作戦を考えました。スタッフさんに出される、翌週までの宿題があります。

おもしろければ採用となるのですが、一つの宿題に対してアイデアを一つ提出していては、それに対してYESかNOかの二択になる。しかも新人なので採用率が低い。

そこで、一つの宿題に対して10個提出するようにしました。スタッフさんは一つのテーマに対して10個考えてきた僕を無下に扱うことなく見てくれました。さすがに10個作っていくとYES・NOではなく、10個の中から一番正解に近いものを選んでくれるのです。

選ばれたものを直していく。そうすることにより、目の前の人の「思考」と「癖」がわかっていく。目の前の人に認められない限り次に進めないわけですから。

打率も上がっていき、半年ほどたつと、3つ作れば1つは正解が出せるようになりました。

目の前の人に認められると、その人が「あいつ、いいよ」と言ってくれてそれが伝染していくのです。そして次々に仕事のオファーが来るようになりました。

とにかく目の前の人にだけ認められたくて必死になることを覚えた20代前半。

イタいやつでいい

この頃、もう一つ大事な経験をしました。ニッポン放送で仕事を始めて2年もすると、レギュラーで10本以上の仕事をさせていただくことが出来ました。ギャラも月に30万円を超えました。

そんな時に、当時、若手女優としてブレイクし始めた常盤貴子さんの1回だけの『オールナイトニッポン』(以下、ANN)を作家として担当することになったのです。

深夜3時からの放送でしたが、とても評判が良く、自分でもいいものが作れたと思っていました。

評判が良かったので、その半年後に、常盤貴子さんの30分のレギュラー番組が作られるとの噂が流れました。僕は、当然、作家は自分だろうと思っていたのですが、全然僕に声がかからない。

すると4歳年上の作家のGさんが僕のところに来ました。僕の尊敬している人で、とにかく書く原稿がおもしろい。そのGさんが「実は、おさむが常盤さんのANNやるって聞いて悔しかったんだ。だからレギュラーやるって聞いた時に、自分から作家にしてほしいって直訴したんだ。そしたら俺になったから」と言ったんです。

それを聞いた時、尊敬するGさんでしたが、めちゃくちゃ腹が立ちました。仕事泥棒しやがって！　くらいに思いました。

今思うと、ニッポン放送側からすると、僕とGさんの実力はわかりきってて、しかもGさんが直訴してくれるなら悪い気はしない。

Gさんは、わざわざ僕にそれを言いに来たんですが、その時に、Gさんはさらにこう言いました。「おさむ、やりたいことは自分で口に出していかないと、取られちゃうぞ」と。

正直、よく言うな！　と思いました。だけど、この言葉が僕を大きく変えてくれました。

それまでの自分は、やりたいことを口に出せるタイプじゃない。「この仕事やりたい」とかそういうことを直接言うことは「下品」なことだと思っていました。僕は、ニッポン放送というAMラジオ局で仕事をしながら、FM局で仕事をしてみたかったので「僕、FMで仕事したいんですよね」と口にするようにしたのです。

するとどうでしょう? 「あいつイタい」と言われるわけです。「あいつ、何言ってんの?」と。それでも言い続けていたら、なんと、ニッポン放送と、TOKYO FMの両方で仕事しているディレクターさんがいて、その人が「おさむ、FMでやりたいって言ってたよな?」と覚えててくれて、TOKYO FMで仕事をすることになったのです。その仕事が、僕と同い年で当時21歳だった木村拓哉さんとの出会いであり、彼のレギュラー番組をやるようになり、そしてSMAPとの仕事につながっていきました。

Gさんがあの時、あの言葉を言ってくれなかったら、僕の今はありません。

自分のやりたいことを口にすると「あいつ、イタい」と言われることがあります。でも、それは言えない人の嫉妬なんです。

そして、10人中9人に「イタい」と思われても、1人が人生の「いいね!」を押してくれるだけでいいんです。

僕は、10人中1人を味方につけていければいいのだと思うようになります。

20代は、目の前の大人に必ず自分を認めさせる！　そして、やりたいことや夢は嫌われようが口にすることで、僕のことをおもしろがってくれる大人たちが現れて、仕事のチャンスがどんどん広がっていきました。

とにかく自分のことだけを考えて進んでいきました。

自分のことだけを考えても結果を出せば、大人はおもしろがるし、次につながっていくのです。

伸びた鼻を折られる

放送作家を始めて10年たった時。29歳でした。自分にとって新たなチャンスが来ます。

放送作家は基本、バラエティー番組を作るのですが、僕にドラマの話が来ました。

しかもいきなりの連続ドラマデビューがフジテレビの「月9」と言われる枠でした。

香取慎吾さん主演の『人にやさしく』というドラマ。このタイトルも、作中で香取さんがやる「ピースじゃなくて3ピース」という3本指のピースも僕が考えたもので、ドラマはかなりヒットしました。

ですが、脚本家としての僕は散々なものでした。その前に特別ドラマを2本書いて、その時は調子が良かったのですが、連続ドラマとなると、自分のテクニックがまったく通じず、かなり苦戦しました。

書いても書いても褒められません。それまでは全力で努力したら、大体結果を出せたのですが、それが出来ない。

男性プロデューサーにかなりしごかれました。ですが、女性プロデューサーの方が愛情をもって僕を指導してくれて、やりながらですが、ちょっとずつ腕を上げていきました。


が、半年間やった結果、僕はメンタル的にもまあまあボロボロになりました。


でも、この経験が良かったんです。

正直、20代後半は放送作家としてかなり結果を出せるようになってきてました。調子に乗っていたと言われればそうかもしれません。

結果が全てと思っていましたが、ドラマをやり、作品としては結果を出せたけど、脚本家としての結果は出せてない。

伸びた鼻をガッツリ折られました。

実力を作って「本物の自信」を掴む

そして30代です。

20代で仕事のコツを掴み、チャンスをものにすることが出来ましたが、ドラマで伸びた鼻を折られた経験から「自分なんてまだまだだ」と思い、「本当の実力を身につけたい」と強く思うようになりました。

20代でチャンスをもらえたのは、運によるところも大きかったのだと自覚することが出来た。

僕は舞台の作・演出をするようになりました。テレビはやはり複数人の作家や沢山のスタッフで作ることが多い。

舞台の作・演出となると自分一人で背負う部分が多くなる。だから「逃げ場がないこと」を30代で始めようと思いました。

ありがたいことに20代の時に知り合った人たちが、僕のその決意に同意してくれて、手伝ってくれました。

そして舞台を始めることにより、自分の実力を色々な形で知ることが出来ました。例えばチケット。自分の名前では全然売れないという現実。そして、自分がおもしろいと思うことを舞台で表現してみますが、お客さんは笑いもしないし感動もしない。

テレビだけでやっていたら気づけないその現実に気づけたので、どうやったら観客が自分の舞台をおもしろいと思うか？　感動してくれるか？　を研究、マーケティングし実践していきました。

出演してくれているメンバーも僕の気づきをすぐさま表現してくれる実力者揃いだったので、評判は上がっていき、お客さんも入ってくれるようになりました。

これは自分にとっての大きな自信となりました。徐々に評判になっていき、僕の舞台に出たいと言ってくれる人も増えていきました。

こうやって30代前半は、自分の実力を作っていき、それとともに本物の「自信」もついていきました。

「出口を知ってる顔」をする

そして30代前半、僕は妻と結婚することになります。色々あって、交際0日婚をすることになりました。芸人の妻と交際0日婚。

これをOKしてくれた妻には本当に感謝してますが、仕事ファーストでしか考えられなかった自分の人生に、この結婚がとても合っていたことと、これにより、自分の世間一般での認知度が高まりました。

この経験から、「こういう自分でありたい」ということを自分でプロデュースして表現していくことが大事だと思ったのです。

そして30代になり、自分に実力がついてきて、自信を持てるようになると、「勢いのある作家」の一人から、「番組のチーフを任せられる安心出来る人」になっていけました。

そして、それまでは一緒に仕事している先輩の作家さんに対してリスペクトの思いでしたが、この頃から「この人を抜きたい」と明確に思うようになりました。

病は気からと言いますが、風格も気からなんです。自信を持って「チーフらしい発言と行動」をするようになると、それが噂となり、僕に仕事を頼んでくれる人が増えていきました。

そして一緒に仕事をしている人からも「この人についていっていいんだ」と思われるようになりました。

僕の尊敬する先輩が昔、こんなことを言っていました。「出口のない森にみんなで入っていった時に、『俺、出口知ってるよ。こっちだよ』と、知りもしないのに出口を知ってる風に歩いて、実は歩きながら探している。不安な顔を見せずに、歩いている。そんなやつに人はついていく」と聞き、本当にその通りだなと思いました。

テレビ番組は視聴率を取るために作りますが、正直、絶対の正解なんかないんです。その時に、自分はあたかも正解を知っているかのように歩くことで人はついてくる。

僕は30代で舞台を始めて自信がついたことにより、この「森の出口を知ってる顔」が出来るようになったのです。

それにより、より大きなチャンスを頂くことが出来た。打席に立たせてもらえる回数がより増えたので、そこで打つことも出来た。

本当は三振も多いのですが、たまにホームランを打つと、みな三振の記憶を忘れてくれるんですよね。

作り手としての形が見つかる

そして30代終盤、自分の中で大きな経験をすることが出来ました。

放送作家は複数人で会議することが多いのですが、出来る人ほど「ハードルを下げる技術」を知っています。

自分が発言する時に「これって正解かどうかわからないんですけど」とわざとつけるんです。最初から「これが正解だと思うんですけど」と言うと、聞く方も「どれだけおもしろいのか教えてもらおうか」と構える。

ですが、一旦、低姿勢のフリをすると、みんなの聞く耳が優しくなる。この技術に僕も20代の時に気づき、使っていました。「正解かわからないんですが」と言いながら、その後に言うことは自信満々なのですが。

30代も終わりに近づいた頃、漫画『ＯＮＥ ＰＩＥＣＥ』の映画の脚本の話が来ました。

僕はこの漫画の大ファンだった故に悩みに悩んだのですが、引き受けさせていただきました。当初は「本編と絡めずに作る」というお話だったのですが、最初に作者の尾田栄一郎さんと打ち合わせをさせていただいた時に、僕は「多少なりとも原作と絡めるべきです」と言いました。尾田さんが「なぜですか?」と聞いたので、「僕は大ファンだからわかります。そのほうがよりヒットするからです」と言うと、尾田さんが「わかりました」と了承してくれたのです。

この後です。尾田さんが「じゃあ、映画の中身と関わってくるので、この先の話をちょっとしましょうか」と言ったのです。ファンだから聞きたくないと思いましたが、そういうわけにもいきません。

尾田さんは自分の頭の中にあるストーリーを、とても楽しそうに興奮気味に話してくれました。そして、僕の目を見て「超おもしろくないですか?」と言ったのです。

僕は雷に打たれたような思いがしました。

尾田さんの話したストーリーが超おもしろかったのは当たり前なんですが、僕はこれまで「正解かわからないんですが」とハードルを下げる言葉を使ってきました。言うなれば小手先の技です。

尾田さんはそんな小細工をせずに自分の頭の中にあるストーリーを誰よりもワクワク話して「超おもしろくないですか?」と言った。これには驚いたし、これまでの自分を反省しました。

自信があるように話すのとワクワクして話すのとは違う。

自分が本当におもしろいと思ってることは、まず自分が心からワクワクして人に伝える。これが、本当のリーダーなのだと。まさに理想のキャプテン。

この経験から、僕は自分がワクワクしているものは、堂々と自分がワクワクして伝えるようになりました。

30代の最後に、自分の作り手としての形が出来上がりました。

自分の限界を知る

そして40代です。

30代で、放送作家としては打席に立つ回数が増えたことにより、ホームランを打つ回数も増えていきました。

映画『ONE PIECE FILM Z』も大ヒットしたりして、自分の仕事の幅も広がっていきました。

が、やはり、40代は自分の中で不安でした。

30代は自分が大きなものを背負って仕事しているつもりでしたが、ふと気づくとそんなことはない。

30代で成功したことにより、さらなる大きなチャンスを頂けたりするのですが、そうなると、そこで自分の限界を知ることになります。

テレビで言うと、番組単位で自分が思ったことを発言していましたが、テレビの世界でもどこでも、上には上がある。

決定権のある人が50代どころか、60代、70代であることを知り、様々な「事情」も知っていくことになります。

30代の時には見えなかった大人の事情が見えてくる。30代の時には気にしなくてよかった「大人の事情」を気にしなきゃいけなくなる。

40代の諸先輩方が「耐え忍ぶ40代」とか「認められない40代」と言っていたことをひしひしと感じるようになります。

30代の時には自分だけを信じて自信を持って動けていたのに、気にしなきゃいけないことが多くなり、動きが鈍くなるのです。

代わりがいることに気づく

そんな自分を見て、今まで自分のことをリスペクトしてくれていた人の目の色が変わっていることに気づく。

自分の生き方が格好悪いことに気づく。

僕は43歳の時に、子供を授かりました。妻が「妊活休業」を世間に宣言しました。妻の行動により、励まされた人もきっと多かったと思います。

自分も男性不妊だったりして、それを経てようやく授かった命。普通にこのまま仕事していていいのかと疑問を持つようになり、放送作家業を一年間休んで、育休することにしました。

自分のレギュラー番組の関係者にこの思いを伝えに行くと「実は僕も、なかなか子供が出来なくて」と告白してくれる男性プロデューサーもいて、そういう人たちは「応援しています」と言って、僕が戻ってくるのを待っていてくれるとも言ってくれました。

ですが、そのタイミングで「卒業」となった番組も結構ありました。そりゃそうですよね。

その時に気づきました。「自分がいなきゃダメだって思っていたけど、そうでもない」ということと、「代わりなんていているんだ」ということに。

これは自分にとって大きな経験でした。

しんどいからこそ縁を円に

僕は40代になり、サイバーエージェントの方々とお仕事をかなり濃密にするようになったことで、ネットメディアについて、この業界でもまあまあ早くに勉強させていただきました。

ブログやインスタグラムも始めたりして。自分自身のプロデュースや見せ方についてもより考えるようになりました。

それと同時に、今まで一緒に仕事をしていなかった人たちと出会うことにより、「縁」が増えました。

40代は確かになかなかしんどそうだなと思った時に、この縁をもっと増やそうと思ったのです。

自分の代わりなんていくらでもいるわけだから、今いる場所を失ってもいいように、縁を円にして沢山の円を描こうと思いました。

価値観の変化を口にする

僕は今50代ですが、20代、30代、40代と、価値観と興味は変化しています。

とにかくモテたかった20代。とにかく結果を出したかった30代。

その価値観と興味は結婚や子供を授かることにより、大きく変化していきます。

自分の中で大切なものの優先順位が変わるからです。

40代になり、体が年を取ってくることを感じ始め、噂通り、話題も健康の話が多くなってくる。

僕は4年前の2019年に父を亡くしましたが、親とお別れすることも価値観の大きな変化につながります。

価値観が変化するのは当たり前なのですが、日本人には自分の価値観の変化をはっきり口に出すのはNGみたいな空気があるなと思っています。

例えば、30代は会社が一番、仕事が一番でやってきて、でも、結婚して子供を授かり、大事なものが家族になったとしても、「大事なものは家族が一番、仕事が二番になりました」とは言いにくいんですよね。けれど、それを口にする方が楽になるし、そういう人こそ正直でいいなと信頼してくれる人も今の時代、きっと多いはず。

これも日本人の特徴のような気もするんですが、昔から「友達が変わってはいけない」みたいな空気、ありませんか？　大学時代の友達にずっと会い続けてるやつのほうが義理堅いみたいな。

仕事を本気で頑張ってきて、会社のために頑張ってきて。その中で価値観が変わり、性格が変わることだってあるはずです。だけど、久々に会った時に「なんか変わったね」とか言う人は、もはや友達ではないと思っています。

そりゃ変わるだろ！　と思うんですよね。みんな必死ですから。変化を受け止められない人は友達じゃないと思っているんです。

そうなった事情も含めて、聞いて受け止めてあげられるのが友達じゃないかと。

そして、年を重ねて変化していく中で、今の自分が一緒にいて心地よい人は変わっていきます。

その心地よさは人それぞれで、「癒し」を求める人もいれば「刺激」を求める人もいるだろうし、「成長」を求める人もいる。

この変化も、「あいつ、冷たいよね」とか言う人がいますが、そういうことを言う人って、「嫉妬の気持ち」があるような気がするんです。

そういうことを言われるのを恐れて、付き合いを変化させないのが一番もったいないなと思うし、友達だからこそ変化を認めてあげるべき。

なにより、自分自身が自分の価値観の変化を成長と認めて、それを口にしていくことが大事なことではないかと思います。

そうしないと、ずっと同じ場所に立ち続けて悶々と年数だけがたっていってしまいます。

第五章

どのように仕事を辞めるか

自分に合っている仕事の見つけ方

今の仕事を辞めたとして、次に何をするかということを沢山の人に聞かれます。

まず、自分の中で大事なのは「辞める」ことです。

辞めると決めて、次にやることを想像してみたのですが、なんだかぱっとしない。フィットしないというか。

そこで、自分がここ数年、一緒に仕事しているH君に聞いてみることにしました。

このH君、ベンチャー企業の社長をやっていたりして、30歳ですが経験は豊富。とてもクールな目線でものを見ることが出来ます。

彼と一緒に、仕事相手との会食があり、その後、H君と二人で飲みに行った時に、ふと聞いてみたくなったんです。

僕が今の仕事を辞めたとしたら、他に僕に向いてる仕事ってあるかなと。

H君はさらっと答えをくれました。

それは、この5年僕が今の仕事とは別にやっていたこと。僕の仕事全部を10だとすると、1にも満たないくらいですが、細々と、でも結構真剣にやっていること。

簡単に言うと、若き起業家たちの応援のようなことなんですが。

H君は重ねてさらっと言いました。「おさむさん、なんで本気でやらないのかなと思っていました」と。

自分の中でももっと本気でやってみたいと思っていたことで、確かに今の放送作家業を辞めたら、もっと本気で向き合えるし、若者たちも僕に「本気だな」と思うでしょう。

全ての点が線でつながった気がしました。32年間やってきた今の仕事のノウハウや縁も生きる。今までやってきたことを「移植」出来るなと思ったんです。

後日、他の若い起業家たちにそのことを言ってみると、僕にめちゃくちゃ合ってると言います。

自分に合っている仕事は自分では気づかない

自分に合ってる仕事って、意外と自分で気づかないものなんですよね。

これって、恋愛だと超あるあるではないですか？

自分に合う恋愛の相手って、近くにいる友達の方がわかっていたりする。自分の性格って自分ではなかなかわかってない。そして、その人の本当の性格、特にマイナス部分って友達だとしても言いにくいですよね。

だから自分の性格って意外と自分では理解出来ていない。

これは俯瞰力ともつながってくるのですが。

俯瞰力がある人でも、恋愛となると、その力が弱まる。

人は、同じようなタイプを好きになることが多いですよね。

友達に「あの人と私、合うと思う？」と聞くとしましょう。友達が「絶対やめた方がいいよ」と言っても、絶対に好きになる。付き合って、同じ失敗を繰り返す。

そして「私にはどんな人が合ってると思う？」と聞き、友達が本当に合うと思う人を提案しても「なるほどね～」と言って、結局、その意見を取り入れない。

余談になりますが、「なるほどね～」という言葉ほどタチが悪いものはないと思っています。「なるほど」と言いながら全然乗ってない時のその場しのぎの言葉として使う人が増えすぎている。

自分が思ってるより「こいつ、『なるほどね～』と言いながら、俺の意見にまったく乗ってないな」とバレていると思いましょう。

話が逸れましたが、近くにいる友達の方が、自分に合っている恋愛相手はわかっています（そして、乗らないのですが）。

それと同じだなと思ったんです。

周りの方が長所をわかってくれている

一緒に仕事している人は、自分の弱点もそうだけど、プラスの部分もよくわかっている。

おもしろいなと思うのは、自分の弱点って普段の自分の性格だとあまりわからないのに、仕事だとわかりますよね。なぜなら、失敗した場合は注意されるから。仕事においての苦手なこと・弱点にどんどん気づかされていく。

だけど、逆に仕事においてのプラス部分。自分がその仕事において長《た》けている部分って気づかなかったりする。

それは仕事での長所を、目の前で褒めてくれる人が少ないから。数字で結果を出すと褒めますが、その前の時点。

人のビジネスにおいての長所を率直に褒めてくれる上司って意外と少ないんですよね。優秀な上司は、褒めるのがうまい。褒められて伸びるって本当で、具体的に褒められることで自分の長所に気づき、それを武器にして、もっと成長していく。

上司によっては、あまりに成長しすぎると自分にとってのライバルになるし、嫉妬もしたりして褒めなかったりする。

だから、自分の長所、武器に気づけない人が多いんです。

信頼出来る仲間に相談する

だから、「仕事を辞める」とまず考えた時に、自分が信頼出来る仕事仲間などと二人で飲みに行き「仮に自分が今の仕事を辞めたとしたら、何が向いてると思う?」と聞いてみるといいでしょう。

大事なのは話す時に二人きりであること。3人以上だと、話も脱線するし、真剣に語り合えなくなる。

出来れば、会食の後の二次会とか、二人でリラックスしてお酒を飲めるような空間で、いつもとは違う空気感で聞いてみるとよいでしょう。

その時に「え？　会社辞めるの？」と聞かれたら、「仮に、辞めたとして」くらいに返すのがいいでしょう。相手に「会社、辞めない方がいいよ」とか、〝そもそも〟の話をされてしまうと、話が進まないので。

もちろん聞く相手も大事です。

大切なことだから一番仲のいい人に聞く！　のがいいとは限りません。

分析力があって、冷静に物事をジャッジ出来るような人をチョイスするのがいいと思います。

あえて社内で少し距離のある人と二人で飲みに行って話してみるのもいいかもしれません。

その距離感だからこそ、自分のことをよく理解している可能性があります。

自分では気づいてない自分の仕事での長所と、自分に合っている仕事に気づける可能性が高いです。


整理しましょう。

まず、今の仕事を辞めると仮定する。

この時点でネガティブな要素は考えない。

信頼出来る仲間に、自分が何の仕事に向いているか聞いてみる。

こうすることによって、仕事を辞めた後、次何をしたらいいかが見えてくるはずです。次が見えてくると、不安な気持ちよりも、期待と希望が上回ってきます。

会社を辞めてうまくいってる人、いってない人

この本は「仕事の辞め方」ですが、ここで「会社を辞める」ことについて一つ、書きたいと思います。

僕の周りで、長年勤めてきた会社を辞める人が多いです。最近はテレビ局も早期退職制度を取り入れていて、その金額が大きいこともあり、会社への貢献度が高い人も辞めたりしています。基本、50代の人ですが。

ここ数年で辞めている人をざっと見ていて、やはりうまくいっている人もいれば、いってない人もいます。その違いはなんでしょうか？　自分なりに考えてみました。

一番大切なのは、辞める会社をちゃんと辞めているかどうかです。よく芸能事務所を

辞めた芸能人のニュースでは、会社が大抵「円満です」と言っていますが、実際のところ、本当に円満であることは少ないです。

テレビ局という「会社」を辞める人の中でも、円満に辞める人もいれば、しこりを残したまま辞めてしまう人もいます。

しこりを残して辞める場合は、ここ数年の、自分に対しての会社からの評価に納得していない場合が多いです。だとしても、辞める時は、会社側にこれまで自分を雇ってくれたことへの十分な感謝の思いを伝える「フリ」をして、笑顔で送り出してもらえばいいのに、最後はあまり出社しなかったり、挨拶もせずに辞めていったりする人が多いんです。

そういう人ほど、自分に「自信」があるのだと思いますが、会社側がいくら「円満です」と言ったとしても、僕たちも大人なので、本当に円満かどうかは見抜けます。

こういう人の場合、辞めた後に想像以上に苦戦している人が多い。それもそのはず。いくら才能があったとはいえ、会社という組織の人だから許されていることもあったし、付き合っている人もいたはずです。

会社という組織を出たのに、会社にいた時のように振る舞って、うまくいかないなんてことも多い。そして、会社を辞めた途端に、まるで魔法が解けたかのように、周りの人たちの自分との付き合い方が変わることがあります。

そういうことは、僕らはずっと個人営業でやってきているので身に沁《し》みていますが、会社に属している人は、「自分は大丈夫だろう」と油断する。そして会社を辞めてみて、それが身に沁みるのです。

辞めるまでのストーリーが大事

では、うまくいく人はどうか？　まず、会社を円満に辞める。結局、辞めるまでのストーリーが大事なんですよね。自分のストーリーもそうですが、会社にとって、なぜ、その人が辞めるのか？　納得いくストーリーを作ることが大事。

会社としても大事な人ほど、辞めたことがニュースになりますし、話題になります。会社としてのプライドが傷つかないように、仕上げることが大事です。

会社が彼のことを考えて、あえて辞めるという選択肢をあげたように見せるのが、とても大事かなと思います。

なので、前の会社とのパイプを完全に断ち切るのではなく、出来れば、その会社との仕事を続けながら辞められないか相談する。その時に、会社側に求めるギャランティーはなるべく安く。今までの御恩として、やらせていただきます的な交渉をする。

そうすると会社もプライドを傷つけられることもなく、本当の「円満」にすることが出来る。

そしてもう一つ。頼れるものはとことん頼る。

会社を辞めるということは自信があるから辞める人が多いと思いますが、これまで育ててきた縁をフルに使うことを格好悪いと思う人が意外といる。だけど、辞めるとなったら、頼れる人には徹底的に頼る。

辞めるまでの間に、周囲をとことん味方につけて、大きなバックアップを得て辞める人が成功している人だなと思います。

応援する側も、会社と揉《も》めて辞めた人は応援しにくいですが、円満に辞めた人だったら応援しやすいですから。

とにかく、援軍をしっかり味方につけてから辞めることが大事なんだなと感じています。

そして当たり前のことかもしれませんが、会社とこれまで自分と仕事をしてきた人に感謝をしっかりと伝えて辞めること。

ＬＩＮＥでもいいですし、可能なら手紙を書いてもいいと思います。

ちゃんと感謝を伝えることで、辞めた後も「嫉妬されずに」沢山の人に応援される人生になるのかなと、成功している人たちを見て感じます。

あ、ちなみにですが、根本的に性格が悪い人や、会社で敵を増やしていた人は、うまくいきませんね。そう考えると、調子がいい時こそ敵を作らず笑顔（のフリ）が大事だなと思います。

こんな人がいたら仕事を辞めよう

仕事を辞める理由というのは、自分だけが理由じゃない時も多い。

周りの人によっては自分の成長を妨げられたり、その人のせいで自分が嫌いになっていくことがある。

折角の自分の人生が、濁っていく。

こんな人が周りにいた場合は、今の仕事を辞めることを考えた方がいいですよ！　ということをこれから提示していきます。

苦手な人

以前、自分が監督した映画を編集する際に、マーケティングをしようということになり、仮編集したものを一般の女性30人に見てもらい感想を聞くことにしました。

その際、マーケティング担当の女性が、映画を見終わった後にこう聞いたんです。

「この映画、好きでしたか？　嫌いでしたか？」……ではなく「この映画、好きですか？苦手ですか？」と。

その時になるほどと思いました。「好き」「嫌い」という二択で考えると、答えるのは難しい。かといって「好き」「普通」「嫌い」で聞いて「普通」が多くてもマーケティングにならない。

なので、この「苦手」という言葉はとても絶妙だなと思いました。

そこで、仕事の上での「苦手」について考えてみましょう。

自分にとって仕事で「嫌い」なのではなく「苦手なこと」って何かな？　と考える。

僕も結構ある。

そして、今度は、仕事で「苦手な人」って誰がいるかなと考える。

過去、会社で嫌な思いをさせられた人や、生理的に合わない人は「嫌い」でしょう。

でも、苦手だともっと広がる。

単純にその人の雰囲気が苦手。話し方が苦手。色々あります。

僕は「肌感覚」という言葉を使う人が苦手です。

ここ数年「肌感覚」という言葉が流行っている気がして。色んな仕事場で「僕の肌感覚的には」と言う人が増えているんです。

僕は「肌感覚」という言葉は「天才」しか使っちゃいけないと思っていて、「お前の肌感覚なんて信用出来るかよ」と言うやつに限って、その言葉を使ったりします。

大谷翔平さんとか藤井聡太さんが「僕の肌感覚では」と言ったら超納得です。でも、ただ便利だからと、その言葉の意味も考えずに堂々と言う。「苦手です」。

会議中、その言葉を言われて、ずっとモヤモヤしていたんですが、自分の中で「あ、この人苦手なんだ」と思うようにしたら、楽になりました。

ただ、苦手な人はボディーブローのように小さなストレスを与えてきます。

皆さん、自分の仕事場で「嫌いな人、苦手な人」がどのくらいいるか、考えてみてください。

今から3つ例を挙げてみるので、近くにそういう人がいるか思い浮かべてみましょう。

ミスを押し付ける人

まず第一に挙げるのは、これですね。

自分のミスを誰かのせいにして押し付ける人。こういう人は押し付けるだけの地位や力を持っていたりします。自分のミスを自分のミスと認めずに、誰かに押し付ける人が一番の害悪です。

ここでのポイントは、堂々と目の前で押し付けてくるくらいの馬鹿なやつならもう即辞めるべきですが、見えないところでこちらのせいにされてる場合が多い。

おかしいなと思ったら、周りに聞き込みをして徹底的に調べましょう。

追い詰める人

感情的に怒る人はだいぶ減ってきましたが、僕はそれよりも厄介だなと思うタイプは「追い詰め型」だと思います。

誰かのミスに対して、いつ？　どこで？　なぜ？　なんで？　を事細かに聞く。しかもこういうタイプは冷静なフリをして追い詰める。

怒るタイプの激情型よりも、こっちの方が、部下をメンブレ（メンタルブレイク）させる可能性が高い。

悪口が好きな人

僕は個人的にはこれが一番苦手なのですが、とにかく人のことを悪く言う人がいます。

仕事終わりにご飯してる時に、ずっと悪口を言う。延々と。結局同じ話を繰り返す。

人の悪口を言うことは楽しいかもしれませんが、それがストレス発散になってる人ほど悲しいことはありません。

人としてネガティブ。こういう人の仕事運が上がっていくのをあまり見たことがない。

上の人が言う悪口に付き合うのって結構パワーがいりますよね。

こういう人は人のやる気まで削《そ》ぐ気がして、僕は近づきたくありません。

そして人を育てる能力が著しく低いと感じています。

10点を超えたらストレス過多

さあ、今、３つのタイプを挙げてみましたが、皆さんも、会社で嫌いな人、苦手な人を書き出してみませんか？　そして、

◆前からずっと（２年以上）嫌いな人……５点
◆今、嫌いな人……３点

◆苦手な人……2点
◆ちょっと苦手な人……1点

として、浮かんだ人の名前の横に点数を書きましょう。

合計10点を超えた人。

今の仕事を辞めるサインです。

多大なストレスがかかっているはずなのに、そのストレスを我慢して慣れてしまっています。

ストレスに慣れるというのはあり得ないことだと思います。


ダメな人は周りの人のパワーを吸い取ります。人を育てないどころか、その人の運さえも削ってしまうと思っています。

苦手な人がいなくなると顔色が良くなり、雰囲気まで変わる人がいます。

逆に前まで明るかったのに、暗く見える人がいます。そういう場合は間違いなく近くにいる人のせいです。

もうダメな仕事仲間に我慢する時代ではないのです。

辞めるまでの準備

辞めるための準備について書きましょう。

まず、自分の中で仕事を「辞めたい」ということが少しでもチラついた時、仕事仲間で距離の近い人と飲みに行った時に、辞める可能性があることを軽く話しておくことが大事です。後日、撤回したっていいんです。人は自分以外の人生をそんなに本気で考えていませんので。

本の冒頭でも触れましたが、そもそも僕が最初に仕事を辞めようと思ったのは今から4年ほど前の2019年でした。

その頃、仕事のことで色々悩んだりモヤモヤしていました。そんな時に、山下達郎さんのライブに行き、そこで『LAST STEP』という曲を聞いて、雷が落ちてきたかのように「辞める」という選択肢が浮かんできました。

40代後半になり、仕事のことでスイッチが入りにくくなりモヤモヤしていて。結果、ずっと同じループを繰り返しているような気がして。イライラしていたんです。

元々好きな仕事をするためにこの世界に入り、ずっとやってきた。

自分の仕事は好きです。ずっと好きでしたが、とてもしんどく辛《つら》かった。体力的にも精神的にも。だけど、どれだけしんどくても、次の仕事に向き合うとそれがリセット出来ていた。

だけど、そのリセットが出来ずに、イライラのループが増えていた。

そこで聞いた『LAST STEP』。

それまで「辞める」なんてことは1ミリも考えたことがなかったのですが、その曲を聞き、自分の中で「そうか、辞めるという選択肢もあるんだよな」と閃いてしまったのです。

その時、たまっていたストレスがスーッと抜けていき、急に目の前が開けました。

辞めるという選択肢を考えたこともなかったので、自分にもその選択肢があるんだと思った瞬間、楽になれたんですね。

会社でのストレスがたまり、とても辛そうにしている人ほど「辞める」という選択肢すら頭に浮かんでいない。

そういうものなんですよね。辞めてはいけないものだとしてその選択肢を外してしまいます。

明るくライトに辞めると言う

僕は「仕事を辞める」という選択肢を思いついてからやったことがあります。「辞めるという思いつきを人に話す」ということです。

僕が辞めると言ったらどんな反応をするんだろうという興味もあったので。

この時大事なのは、ネガティブな雰囲気ではなく、なるべく明るくライトに言うこと。その時に「人生一回だってことにあらためて気づいたんだよね」という言葉を入れました。

この言葉には人は逆らえませんし、「人生一回だから好きなことは今のうちにやらなきゃ」「我慢せずに生きなきゃ」となるわけですね。

ポジティブに辞めるという選択肢が頭に浮かんだことを、伝えられるんです。

明るく伝えたことで冗談かなと思っていた人がほとんどでしょう。でも、それでいいんです。

そこから、仕事で距離の近い人とお酒を飲んだ時なんかに、なるべくこの「思いつき」を言うようにしたのです。50歳を目の前にして、辞めるという選択肢が浮かんだということを、明るく話すのです。

そうすると聞いた方は「え～」と驚きながらも「でも、本気じゃないだろうな」くらいに思います。

僕はこのことを思いついた時に言うことは「付箋を貼る」ような行動だと思っていて、最終的に辞めるにしても辞めないにしても、思いついた時になるべくライトに伝えておくことはとても大事だと思ったのです。

これは恋愛でも大事です。急にフラれるよりも、なんとなく予感がしてた方が諦めがつきます。

そして、基本、人は誰かに喋ります。自分が辞めるという選択肢を持っていることを知人に話しておけば、その知人がほぼほぼどこかで話して別の人に伝わるものです。ただ、この段階で伝わっても、深刻さはないから大丈夫です。

むしろ、伝わった方が「あれ？　あいつ、辞めるって選択肢が出来たのか？」と、本当に必要な人材ならば、仕事の待遇などが良くなる場合もあります。

だから、早めに人に伝えた方がいいのです。

そして、いざ、本当に「辞める」という気持ちが固まった時に、この「付箋を貼っておく」ことが効果を発揮します。

僕もそうでしたが、いざ、辞めることを伝えなければいけない時に、「そういえば前に言ってたよね」と言ってくれる人がとても多かった。

理解のスピードが速いのです。

付箋を貼っておく

だから、「仕事を辞める」と決意してから本格的に伝える前に、思いついたり頭にチラついたりした時点で、「人生は一回しかない」を武器に、飲みの場などで話して付箋を貼ることが大事だと思います。

この「付箋を貼る」ことをしていた時には、僕の中でもまだ本当に辞めようという覚悟が出来ていなかったのかもしれない。

２０２０年、コロナ禍になってしまいました。目の前で起きていることがあまりにも初めてすぎて、辞めるなんて考えを心の中にしまうしかない状況になりました。

でも、その選択肢は心の中に入ってるわけで、喉に骨が刺さってるような状態が続きました。

そして、仕事で感情的になることが増えたり、自分の思い描いていた形と違ったものになったことで、人を追い詰めてしまったりしている自分に気づきました。

その時に、思ったんです。これって自分がまさに老害じゃんと。

自分がまったくおもしろくないなと。

そこから「俯瞰」です。自分の人生を振り返ってみました。自分の生き方がおもしろくないなと気づいてしまったんです。

そこで、今度は強く思ったんです。「辞めよう」と。

心の中にしまっていた「辞める」という思いが、今度はハッキリとした形になって、飛び出てきました。

さあ、本当に「辞める」と決めたら、それを周りに伝える順番。これがとても大事です。

辞めることを話す順番

本当に辞めると自分の中で決めた後で大切なのは、辞めることを人に話す順番です。

辞めると覚悟するまでいったわけです。でも、話す順番を間違えると、その気持ちが揺らいだりして、自分の人生が見えにくくなります。

では、どういう順番で言ったらいいのか？

結婚している方は、まずは妻や夫といった、家族からというのが大事だと思います。僕は、本当に辞めると決めてから、その思いをやはり最初に妻に伝えました。

妻が大反対したら辞めることをやめていたかもしれません。

僕の場合は、「大事な話があるんだ」みたいなことはせず、息子が学校に行ってから、「あのさ、放送作家を来年、辞めようと思うんだけど」とさらっと伝えました。

妻の最初の反応は「おせーよ」でした。意外にももっと早く言い出すと思っていたそうなんです。そして「すごくいいじゃん！」と。そう言ってもらえると思っていましたが、想像以上にいい反応でした。

妻からしか見えてない自分

妻からしか見えていない僕がいます。毎日仕事に追い込まれて、イライラしたりプレッシャーを感じて苦しそうな僕を妻は見ていました。

生きていて苦しそうと思っていたようです。

そして、「ここからは自分の人生を自分のために使って生きてほしい」と言われました。さらに、妻がある日僕に言った言葉が胸に残っていました。「お金に執着するとそういう人生になるんだよな」と。

僕はこれまでお金に執着するタイプではありませんでしたが、やはり、仕事を辞めると自分の中で決めてから、お金のことを考えるようになりました。

なぜなら今よりも収入がかなり減ります。来年からやる新たな仕事が成功するかどうかもわからない。

生活のレベルも大きく変わってきます。僕はポジティブな方ですが、辞めると決めた当初は、自分の中で「なくなるもの」を考えてしまった。

ですが、妻のこの言葉で、考え方が変わりました。

お金や生活レベルのことなどを最初に考えていると、未来が考えにくくなるのです。

妻の言葉で、自分の不安からくるその考え方が小さくなっていきました。

そして、自分の人生を自分のために使うことを考えられるようになりました。

辞めると決めてから、やはり、気持ちにブレが生じましたが、妻に伝えたことで強いものになりました。

僕の場合は、妻がきっと賛成してくれると思ったこともありますが、妻に伝えたら気持ちが強く固まるはずだという思いもあった。だから最初に妻に話したんだと思います。

夢を笑わない友達と一緒にいよう

19歳の時に、僕は放送作家になりました。最初はギャラは0円。ラジオ局のニッポン放送で、目の前にいる大人たちに自分を認めてほしくて必死でした。

その頃、僕は大学生で、大学に通いながら、居酒屋でバイトもして、そしてニッポン放送で放送作家をやらせてもらってました。

僕が放送作家を始めて、大学に行った時に、大学の友達にそのことをキラキラした目で話すと、聞かれたのです。「え？　放送作家って月いくらもらってるの？」と。

僕はまだノーギャラだったので、「0円だよ」と答えると、ニヤリとしながら「な〜んだ」と言われました。

夢に向かって全力疾走しようとしている僕に、その現実的な言葉はブレーキをかけました。

ギャラももらえてないのに、何やってんの!?　と言われてるような気がして、魔法が解けそうな自分がいました。

その日の夜。バイトに行き、今度はバイトの仲間たちに自信なげに放送作家を始めたことを伝えると、バイトの仲間たちはギャラを聞くこともなく「え？　本当に？　俺ら、鈴木君の名前がいつかエンドロールに出るのを楽しみにしてるよ。応援するよ」と言ってもらえました。

バイト先の居酒屋には僕と同い年で、茨城の不良で少年院を出てきたやつや海外留学をしてきたやつ、10代でホストをやってたやつなどがいて、個性豊かで熱いやつらでした。

僕はこのことがきっかけで大学に行かなくなりました。

大学に行くと、夢に向かって走っている自分の気持ちがブレそうな気がしたからです。でも、バイトの仲間たちは自分の夢を肯定し、背中を押してくれる。

僕はたまに、大学や高校で講演などをやらせていただく時に、必ずこの話をします。

もし自分に今、夢があるなら、その夢を笑わない友達と一緒にいた方がいいと。

夢を笑うやつは友達じゃない。その夢を見るあなたに対して、嫉妬してるだけなんだと。

迷惑をかける順に話す

あれから、30年以上が経ち、あの時夢見て始めた放送作家を今度は辞めることにするのです。

この自分の決意がブレないようにすることも大事です。そのために大切なのは、自分のその考えを肯定し、後押ししてくれるであろう人から話していくことだと思います。仕事を辞めるということはある意味、別の形の「夢」に走るわけです。あまりに現実的なことを言われると、気持ちがブレるから、自分のこの気持ちを後押ししたり、勇気づけてくれるような、そんな「仲間」から話していくのが大事だと思います。

僕も妻の後は、自分の人生への信念が強い人から話をしていきました。自分の考えをしっかり持って生きている人に話をすると、辞めると決めてはいるものの、僕自身が気づいてない思いに気づけたりするからです。

そして人に話すたびに気持ちが固まっていきました。

妻を含めて5人ほどに話すと、完全に気持ちが固まりました。

その後は、自分が辞めることで迷惑をかける人の順に話していきました。

僕の場合は、一番レギュラー番組をやっているテレビ朝日の人たちに伝えました。かなり驚いていましたし、「二人三脚でここまでやってきたので残念です」と言ってくれました。

仕事を濃くやっている人たちに仕事を辞めることを伝える上で大事なのは、自分が辞めることでどんな迷惑をかけるのかを頭の中で想像し、そして、辞めることを伝える時に、自分が辞めるまでの間に、会議のチーム作りや、今現在自分がやっていることをどう引き継ぐかなどの考えも言うことだと思いました。

さらに残りの期間で出来る限りのことを必要以上にやるということを伝える。

その誠意が大切だなと感じています。

自分が辞めることで人生が変わる人もいる

僕と長年一緒に仕事をしているディレクターの渡辺剛という人がいます。僕と同い年で出来る人です。彼に仕事を辞めることを伝えた後で、一緒にお酒を飲んでいる時に彼から言われました。「おさむさんが、ずっと走ってきて辞めるのはとてもいいことだと思います。でも、おさむさんがいなくなることで、終わる番組だってあるかもしれない。仕事がなくなる人だっているかもしれない。おさむさんが辞めることで、人生が変わる人もいると思うんです。そういう人たちに、迷惑をかけるという思いを持って、それを一言でいいからどこかで言ってください。一言言うだけでいいんです。そしたら、そういう人たちの気持ちは救われますから。そしたら、辞めて全力で自分の人生を生きてください」と。

辞めると決めて人に話していくと、どんどん意志が固まっていきます。自分の未来ばっかり見ていくようになります。

そんな時に言われたこの一言はとても大きかった。自分が辞めることで、人生が少なからず変わる人もいるのだということを、ちゃんと理解して、辞めていくことが大事なんだなと、気づかされました。

辞めることを頑張りすぎない

辞めると決めてから人に伝えていく中で、あらためて自分が仕事をしている中でどれだけの人に救われていたかに気づけましたし、自分がやってきたことへの自信にもなりました。

そして、大切にしたことがあります。それは「辞めることを頑張りすぎない」ということです。

まず、辞める日を２０２４年の３月31日と線を引き、考える。そしてまずは３月31日までに仕事を詰め込む。

だけど、舞台などは数年先の日程で劇場を取ったりもしています。そういうものは後で考える。やるとなったらその時だけやればいい。

辞めなきゃ、辞めなきゃと強く思いすぎると、疲れてきます。

辞めることを楽しもうと思うことが大事。辞めると決めた期間の中で出来ることを全力でやる。

辞めると決めたことで追い込まれてしまったら、意味がありません。

辞めるという気持ちを、順番をちゃんと考えて伝えることが出来たおかげで、自分の気持ちがブレることなく、周りの人々も辞めることを「応援してくれる」状況になったこと、本当に感謝しています。

第六章

辞める前にしておくこと

50代は費用対効果が悪い

占い師のゲッターズ飯田とは、20年来の付き合いですが、彼がこないだ僕に言いました。「最近、50代の人の相談が多いんですよ」と。

50代になり、会社員としては定年まであと10年。このままやっていていいのか？　それとも今なら会社を辞めて、あと10年で最後の勝負が出来るんじゃないか？　と。

人生の二択。

飯田にこの本の話をした時に、だからこそ、50代の人はより考えるはずですと言っていました。

僕の働く世界では、フリーランスの人もかなり多いです。テレビの世界では50代の人がなかなか大変なことになっています。

プロデューサーとディレクターを分けた時に、プロデューサーは一言で言えば「政治的立ち回り」をすることが多く、ディレクターは「実際に現場でものを作る」立場です。

僕が昔から好きなＣＭのプランニング会社があって、その会社には「監督」と呼ばれる人はいない。監督を入れた方が、会社としては強いものになるんじゃないかと思っていたのですが、監督を入れない理由はただ一つ、「監督は年を取るから」というものでした。

プロデューサーやプランナーだって年は取りますが、監督の場合は、やはり若くて勢いのある人が好まれる傾向があり、あと、ギャランティーが上がっていくと下げられない。つまりは会社としては給料は上がっていくけど、仕事は減っていく人は費用対効果が悪いわけです。僕はその話を30代の時に聞き「冷たいな〜」と思いましたが、50代になった今、会社経営の目線から考えるとめちゃくちゃ理解出来ます。

30代後半から種まきを

そしてテレビ界です。50代になったディレクターさんたちが、結構苦労しています。年を重ねて、仕事が減ってきている。仲の良かったディレクターさんが、バイトをしているなんて話も聞きました。

僕が、今の仕事を辞めて新たなことに挑戦しようと思う理由の一つに、僕のような放送関係でずっとやってきた人が、別の場所で新たなことに挑戦するという選択肢を見せることがあります。

僕は仕事を辞めることを考えたのは40代後半ですが、30代後半くらいから、「もし自分が辞めたとしたら」ということが頭の片隅にあったのかもしれない。

もし、皆さんが、50代になって辞めることを決めたとしても、それまでに何かしら準備をしていないとなかなか辞める決断が出来ない。

となると、30代後半から、仕事を辞めるための準備をしておかないといけません。

今の仕事を辞めないとしても、次のための種まきをしておいて損はありません。調子がいい時こそ、種まきをするべきだと思っています。

「好奇心力」を鍛えよう

ただ、どうやって種まきをするのか？　ということですが、一番必要なものは「好奇心力」だと思います。

僕は、自分の一番の才能は「好奇心力」だと思っていて、この「好奇心力」こそ努力で手に入るものだと思っています。

人より先に気になる映画を見たり、本を読んだり、ゲームをやったり。自分のためでもありますが、それは結果的に、人との「会話」につながります。人が気になっていることをひと足先に知っている人、体験している人というのは、重宝されます。

そして、何より「人とつながる」ことに好奇心を持つ。調子のいい時ほど気づかないのですが、人脈が一番の宝です。新たな人と出会えることはとても大切なことです。新しい人と出会い、名刺一枚もらえることがいかに大事なことかを、調子のいい時は忘れてしまいます。年を重ねて、新しい出会いが欲しくてもなかなか得られないものです。

まず、出会った人に興味を持つという「好奇心」が大事です。そして、ちょっとした図々しさを持つことが大事です。

僕は「図々しい」という言葉を言い換えると「勇気」になるんじゃないかと思っています。

図々しいというのは、図々しくなれない人が嫉妬して考えた言葉なんじゃないかと。図々しい人の方が結果的にチャンスを手に入れることが多い。だから、図々しくその人に色々と話を聞く。仕事の上で、興味を持たれることは嫌なことではありません。人が自分に興味を持ってくれるのを待っていては遅い。自分が興味を持たないと相手も持つてくれないと思い、話しかけていく。

最初の出会いから、そうすることが大事だと思います。人に話しかけることを心がけていくと、好奇心力が上がっていき、「聞き上手」になっていきます。

自分がその人に少しでも興味を持ったら、そこから広げていく。ランチやお茶、食事に誘って話を聞いていく。

一緒に仕事をしている人と食事に行ったりするのは簡単ですが、今は直接仕事につながらない人とでも、積極的に出会って好奇心力を上げて、関係を構築していくことはとても大切です。

仕事が大変だったり、スケジュールが詰まっている時ほど、こういう関係構築を後回しにしがちですが、調子がいい時はそんなに長くありません。魔法はいつか解けます。大事にしたいのは30代後半。仕事の実力もついてきて、仕事を任されて、色々な人と出会うことが多くなってくるからこそ、「好奇心力」をアップさせて、沢山の出会いの枝を作っていくべきなのです。

ネットなどで知ることの出来る情報は、みなが同じように共有出来ますが、実際に会ってその人から聞ける「情報」は、貴重です。

僕は年々好奇心力が上がっていきました。例えばとして書きますが、僕の知り合いの女性Iさんは、ここ最近よく耳にする「女性用風俗（以下、「女風」）」を結構な頻度で利用していました。

僕から聞いたわけではなく、Ｉさんがいきなり、僕にその話をしてきたのです。そして利用している「女風」に若くてとても素敵な男性Ｊさんがいるというのです。ここ数年で着実に流行り始めているその業種のことをもっと知りたいと「好奇心」がうずきました。

僕が「Ｊさんに会って話を聞いてみたいな」と言うと、なんとＩさんが紹介してくれることになったのです。

ＩさんとＪさんと僕とでホテルの中国料理店で食事することになりました。なんともシュールな状況ですが、僕はそこで、「女風」の世界のリアルを沢山聞きました。それを知ることにより、今の世の中の状況までわかってくるのです。この情報はどれだけネットを探っても出てこない。とてつもなく貴重なものでした。

あまりにも貴重すぎる情報を何かエンタメの形にしなくてはと思い、「女風」をテーマにした舞台を作りました。

その舞台のことを知って見に来た「女風」の経営者の方が、僕に名刺をくれました。別の「女風」の社長さんもインスタにＤＭをくれたんです。「ここ」なんですよね。僕が好奇心で、Ｊさんに出会ったことで、このようなつながりが出来たんです。こういうつながりを年数をかけて沢山持つことが大事だと思うんです。

これはやはり「好奇心力」を上げないと、出来ることではありません。

そして、この「好奇心力」で作ることの出来た人脈は、仕事を辞めると決めた時の自分の中の「自信」になっていきますし、そして一つ一つが「選択肢」になっていくのです。

50歳になって「仕事を辞める」と決めた時に、その先の人生の選択肢が浮かぶ。新たなことをすると決めた時に、その選択肢があることにより、その先の武器になる。

だから、「好奇心力」を30代から鍛えていくことは大事なのです。

お金について思うこと

仕事を辞めると決めた時に、当然、お金のことは気になります。というか、辞められるかどうか考える上で、お金のことは正直大きいと思います。

僕はここまで、比較的お金を得ることが出来ましたが、入ったお金を使うタイプではあります。自分のためというよりも、人とご飯を食べたりお酒を飲んだり。お金を回して縁を作っていきたいタイプでもありました。

僕は子供の頃、お金で困ったことはありませんでした。小学生になると、祖母が毎日200円お小遣いをくれました。月6000円です。これはでかい。当時ジャンプコミックス1冊が2日分のお小遣いで買えたわけですから。漫画、レコードなどを買いまくれたおかげで、自分のエンタメ力が上がっていったと思っています。

うちの母は、「金は天下の回り物」を実践する性格で、人へのプレゼントやお祝いなどをすごくする人でした。母のその性格は完全に僕にうつりました。お金を回していくことで、みんなを笑顔にしていく。

お金に困ってこなかった僕ですが、20代半ばで人生初、お金に困ります。その頃、僕は放送作家を始めて6年目。月の収入が100万円を超えていました。貯金は700万円ほどあり、収入もグイグイ上がっていったので、正直、心の中ではお金に対して「こんなに稼げるようになるんだ」と少しナメていた部分も出てきた頃でした。

そんな時に、父からの電話で実家に帰り銀行に行くと、父の借金が発覚しました。

スポーツ用品店をやっていましたが、ずっとやってきた学校販売が一気に終わってしまったり、僕が無理して東京に出て大学に行き生活費を含めて全てを出してもらったり、と色んなことが重なり、銀行で知らされた事実は借金1億円。その内訳は、銀行が5000万円。当時法律が今ほど厳しくなかったのでローン会社が3000万円。ただし、年利39％。そして最後の2000万円はトイチと言われるところでした。

実家には、とんでもない量の電話がかかってくる。みな「うちで借りませんか？」という電話。

銀行からは、お父さんの破産宣告をしてほしいと依頼されました。散々悩み、もう無理だと思いましたが、色んな人の助けがあり、最大のピンチを切り抜け、そして、僕と一緒に仕事をしていた人たちも僕の才能にベットしてくれて仕事をもらえました。

ギャラもさらに上がっていきましたが、利子も含めて毎月、とんでもない額を返していきました。ほぼ寝ずに働いて、お金は返済に出ていく。自分の中で月30万〜40万円はキープしないとメンタル的にも崩壊するなと思っていました。

途中から、自分がローン会社にいくら返すかも指示を始めて、30歳が近づくとだいぶ借金は減っていました。

その時に、お金というものに対して興味がなくなりました。借金を返す前は、「この調子で稼いでいったら、家とか建っちゃうな」と思っていましたが、そういうことに興味がなくなりました。

お金に対して調子に乗ってた部分を見事に削られました。お金のことで親と喧嘩《けんか》したことも何度もあり、お金が嫌いになっていったというのが本音かもしれません。

散々お金で苦しんでいたのに、借金がかなり減ってくると、生きるモチベーションまで減ってくるといいますか。不思議なものです。

自分は何を目標に生きていけばいいんだっけと思うようになってしまったんですね。

ただ一つ、今後、お金で苦しむ人生ではありたくないなと強く思いました。

不動産で手に入れられる信用

お金のことを嫌いになって興味がなくなったと書きましたが、この20年ほど、お金周りでやっていたことがあります。それが不動産の購入です。

僕は20代半ばの頃から借金を返していたことがデータに記録されていたのか、まあまあ月収はあるのに人生初のクレジットカードに申し込んだら、審査に落ちたり、やっと審査に通ったと思ったら限度額が5万円になったり。

賃貸で部屋を借りるのも大変でした。まず放送作家というフリーの仕事ということが大きい。

これ、会社員の人にはこの苦労はわかりにくいと思うのですが、お金を結構もらっていても、フリーという時点でかなり厳しいのです。

通帳の残高を見せなきゃいけないなんてことも何度もありました。超個人情報なのにそれを見せないと、部屋も借りられない。屈辱でした。

親の借金があることは部屋を貸す側も簡単に調べがついたと思うので、余計に審査のOKが出ない。

ですが、借金を返し終わって生活に余裕が出来始めた頃、母から連絡が来ました。実家の近くにあった有名な別荘が売りに出ていると。絶対に買った方がいいよと。

浅井慎平さんという80年代にはクイズ番組などにも出演して活躍していたカメラマンの別荘が実家から10分ほどのところに建っていて、地元では有名でした。そこが売りに出たと。借金を返す生活を続けていたので、不動産を買うなんて発想はありませんでしたが、母に言われて気持ちが動きました。実家から近いということもあり、思い切って買うことにしました。

田舎の別荘なんで土地代は安いですが、不動産を買うということには勇気がいりました。ともあれ、当時の貯金をほぼ使ってしまいましたが、購入したのです。

そして、購入して気づいたことがあります。不動産を保有するということで大きな社会的信用を得ることが出来るのだと。しかも自分の名義の土地がある。

不動産を保有することで、その後に部屋を借りる時にも、審査がかなり楽になりました。

不動産を持つという社会的信用と、そして安心感。

お金のことを考えた先に

この仕事を辞めると決めて、まず動いたことは、お金に関して最低限の安心を手に入れることでした。お金で苦しんできたからこそ、そう思うんですよね。

貯金を毎月のお金に換えようと考え、不動産業をやっている友達に、家賃収入を得られるようになりたいと色々相談して、沢山の情報ももらい勉強し、待ちに待っていたら、ようやくいい物件に巡り合えました。

これから契約に入りますが、今の時代、貯金で持っているよりも、不動産収入に換えるのは、一番簡単な「安心」の手の入れ方だと思います。

僕の周りには、若いサラリーマンでも、20代の頃から将来を考えて、銀行でローンを組み家賃収入を得ている人もいます。

この最低限の安心が、仕事を辞める自分の背中を押してくれることになります。

その最低限の「安心」はあるものの、やはり仕事を辞めると決めると、お金のことは気になる。ずっと引っかかる。失うことばかりがよぎる日もある。

そんな時に、妻がふと言った言葉、「お金に執着するとそういう人生になるんだよな」が胸に刺さりました。

未来を考えて辞めると決めたはずなのに、お金のことを考えると、夢と希望がどんどんミニマムサイズになっていく。

妻に言われた言葉でかなり振り切れました。まず、最低限の安心があるのだから、生活のレベルが下がるとか、マイナスをイメージするんじゃなく、辞めた先にあるワクワクするビジョンを頭の中にイメージしていくことが大事だと。

辞めるのだから。

辞めるという言葉はネガティブに感じますが、それをプラスの言葉にしていくようにしたいと思っています。

ライフチェックで無駄を見つける

お金に執着することとは別問題として、2024年に辞める上での、今まであまりやってこなかったお金周りのチェックをしようと思いました。

お金をチェックすることで自分の生活が見えてくる。ライフチェックです。

まず、最初にチェックしたのが、保険料のチェック。

生命保険や火災保険など、いくつかの保険に入っています。それを一つずつチェックしていくと、自分が過去に入ったものを気にせずにここまできてることに気づきます。

妻とも保険に関してはちゃんと話したのですが、果たして何の保険がどこまで必要なのか？　をあらためて考えてみました。僕は51歳。生命保険にこのまま入り続ける金額と自分の想定寿命。

なかなか何歳まで生きるかとか、ちゃんと考えたことはないですからね。

その上で、今の自分が生命保険に入っている必要はあんまりないのかな？　とか考える。

ただ、病気のことは考える。特にがん。がん保険は入っていて良かったと周りからよく聞きます。

そして、僕は高血圧です。それにより、脳出血などの病気の可能性もなくはない。その場合の保険の契約内容もよく見直したりする。

これをすることにより、あらためて病気に気をつけようと思いますし、何となく見過ごしてきた保険料の意外と馬鹿にならない金額に気づけたりとかします。

他にも、携帯電話はもちろんのこと、パソコン関連の通信料とか、今までスルーしていた部分をチェックすると、意外な金額の発見がある。

自分の生活の中で「無駄な出費」をスルーしていたことに気づける。これはお金に執着するのとは別で、生活を変えることで、無駄を減らせて、しかもその金額を家族の旅行代に出来るなとか、そういうことまで想像出来る。

ライフチェックをすることで、無駄をポジティブに出来るのだと思いました。

占いについて

ここで突然ですが、占いについて書かせていただきます。興味のない方は飛ばしていただいて結構です。

僕は25歳の時に、突然借金を背負う生活になり、人生が変わりました。その時に、友達から「おもしろい占い師さんがいるから」と言われて、行ってみたのです。女性の占い師さんで、その先生は僕のことを占うと「お墓参りに行ってる?」と言いました。

「先祖を大切にしないと幸運は来ないよ」と。正直、東京に出てからお墓参りにはちゃんと行ってなかったのですが、もう藁《わら》にもすがる思いだったので行きました。

そしてお墓を自分の手で綺麗《きれい》に洗い、お線香を上げて感謝する。

すると気持ちがめちゃくちゃスッキリしました。

このことを周りに話すと、男性は、30歳を過ぎて自分がちょっと責任あるポジションになると、お墓参りをしだす人が増えるというのです。結婚したり、子供を授かったりするのもきっかけでしょう。

そして、「あの人も、30歳を過ぎてお墓参りに行き始めたらしいよ」と聞きました。あの人とは、お墓参りとは縁遠いキャラの超ビッグ有名人。そこから色々調べていくと、ちゃんとしてる人ほどお墓参りに行き、ご先祖様に感謝している人が多かったんです。

そこから習慣になり、僕は実家が千葉ということもあり、年に3、4回はお墓参りに行くようになりました。とにかく気持ちがスッキリします。

そして、30代、ゲッターズ飯田に出会いました。占い師と名乗り始めた頃の彼でした。彼の占いは占星術を含む複数の占いから編み出した独自の占いです。彼は今、自分の占いの本が毎年150万部近く売れているので、日本で本が一番売れている作家でもあります。

僕が出会った時は年収100万円もなかった。彼は占い通りに生きていて、買い物をしない方がいい年は一年分、買い込んで、その間は新しいものを買わなかったりしています。

彼の今の成功を見ると、彼が一番の成功サンプルだなと思います。

霊感と占いの違いは、霊感は霊が見えたり感じられたりといった特殊能力的なもので、占いはデータを取った上での学問だと僕は思っています。

果てしなく人のデータを取って、学問にしているわけで、僕はとても好きです。

占いに振り回されてしまう人もいますが、僕は、サプリ的なものとして自分の人生に取り入れています。

データを取りまくった上でまとめられた人生のバイオリズム的なものはあって、いいと言われてる時は活発に行動をして、よくないと言われている時には控えめにする。

前述したように、僕は運、不運を「雨」にたとえるのですが、「運が良い」と言われている時に、家の中でじっとしていても運の雨を浴びることは出来ない。

逆に不運の雨が降っている時に外に出てしまうと不運の雨を浴びてしまう確率が上がる。

不運の雨が降りそうな時に外に出なきゃいけない場合は、まずそのことを知って行動することが傘をさすのと同じで、例えば早めに帰ってこようかなとか心がける。

ビタミンを取るためにサプリを飲むように、そのくらいの気持ちで、自分の人生に取り入れています。

10月12日に発表した理由

僕が辞めることを発表したのは10月12日ですが、なぜ10月12日だったのか？　とよく聞かれました。

まず、辞める半年くらい前には発表したいと思いました。色んな人に迷惑をかけることを考えると、そのくらいがいいだろうと。

まず、大安カレンダーを見ました。僕、これ結構見るんです。ネットで検索するとすぐに出てきます。人生の前向きな発表なんだから、大安の日がいいなと。

9月と10月で調べる。するといくつか出てきて、自分の中でなんとなく10月12日がいいなと思いました。

その後です。僕は毎年出ている『ゲッターズ飯田の五星三心占い』の本を机に置いています。僕は「金の鳳凰座」です。そもそも「金の鳳凰座」の２０２３年は「いい年だ」と飯田に言われていた。

そして辞めると決めて見てみると、「積極的な行動が大事。新たなスタートを切ると幸運が続きます」と書いてある。こういう言葉が気持ちの支えになる。

そして本には毎日のカレンダーがあって、そこにその日の運勢が「○×△□●▲■◎▽▼＝☆」で記されている。一番いいのは「☆」である。10月12日を見ると、「☆」だった。

例えば、皆さんが「仕事を辞める」と決めて、会社や一番大事な人に伝えなければいけない時。

いつでもいいのであれば、こういうものをサプリ的に見て、最終決定するヒントにすると自信になり背中を押してくれるのです。

何かその日であることの理由をくれたりする。安心材料になる。

僕はこれからも占いとはそういうお付き合いをしていくことになると思います。

第七章

手放すからこそ入ってくる

手放すということ

これまで沢山お世話になっている今田耕司さんは実家がお寺なのですが、だからなのか、時折お坊さんのようなことを言うことがあります。僕らでは気づかないことといいますか。それがある時言った言葉、「諺《ことわざ》はデータのたまもの」だと。

今田さんは「諺というのはよく出来ている」とも言います。

どういうことかというと、諺や名言は、かなりの年月を経て今に残るわけです。諺や名言だって、時代に必要とされなくなると消えていくんです。例えば「秋なすび嫁に食わすな」なんて言葉がありますが、さすがに今、メディアでこの言葉は使えません。

ずっと残ってきたこの言葉もついに消えていくのだと思います。

今もなお残っている諺や名言というのは、沢山の人の経験を経て、みんなが「諺の通りだな」と実感したからこそ使ってきた。勝ち抜いてきた言葉なのです。

なんとなく使っているが、経験が詰まっているからこそ残っている諺や名言。

塵《ちり》も積もれば山となる、出る杭《くい》は打たれる、百聞は一見にしかず、好きこそものの上手なれ、急がば回れ、短気は損気、初心忘るべからず、石橋を叩いて渡る、火のないところに煙は立たぬ……。あらためて見ると、自分の人生で起きてきたこととハマる。なぜならデータが詰まっているからです。

以前、知人に教わった言葉でずっと心に残っている言葉があります。道元禅師の「放てば手に満てり」という言葉。「坐禅修行をして、執着を捨て、心を空にすれば、自然と真理の境地に至れる」というのが本来の意味だそうですが、つまりは、「今は持っていない何かを手に入れたい時に、まずは、握りしめているものを手放さなければ、それを手に入れることは出来ない。大事に何かを握っている、あるいは怖いから何かに摑まっている、そのぎゅっと閉じた手を思い切って開いて、手の中が空っぽになった時、その空いた手の中に、本当に大切なものが自然と満たされていく」ということなんですね。

禅の言葉こそ、長年語り継がれてきたからこその歴史とデータがあります。

これを知ってから、手放さないと次は入ってこないと、ずっと頭の中に残っていました。

29歳の時の手放した経験

第四章でも書きましたが、僕は29歳の時に人生初の連続ドラマの脚本を書きました。フジテレビ「月9」枠で放送された香取慎吾さん主演のドラマ『人にやさしく』です。

僕は当時、放送作家として10本以上のレギュラーを持っていました。ですが、初めての連続ドラマだったので、かなりのわがままだとわかりながら、『SMAP×SMAP』と『めちゃ×2イケてるッ!』と『笑っていいとも!』以外の番組の構成を半年間お休みさせていただくことにしました。その3本を残したのは同じフジテレビであり、ドラマの出演者も重なっていたことから。

フジテレビ以外の番組を半年間、お休み出来ないかと各プロデューサーにお願いしに行きました。かなり図々しいのはわかっていました。

結果から言うと、この時、思っていたよりも「卒業」となりました。そりゃそうです。番組には僕より先輩の作家さんが入っていて、若手の僕がいくら連続ドラマをやるからとはいえ、言い訳が立たない。

そんな中、テレビ朝日の『いきなり!黄金伝説。』のプロデューサーだった平城隆司さんだけは違った反応でした。「頑張ってこいよ! 成功してこいよ」と。しかもそれだけじゃなく、「戻ってきてほしいから、半年間、ギャラは払い続けるよ」と。さすがに申し訳ないと思ったのですが「戻ってきてほしいから」と言ってくれたのです。僕は半年間、会議にも出てないのに、ギャラをもらい続けました。

その時、おもしろいなと思ったのは、卒業した番組は自分の中でちょっとハマりが悪かったというか、自分の力を発揮しきれていないものが多かったんです。

そして半年休ませていただき、現場に戻りました。

レギュラー番組はかなり減りましたが、その時に残った番組から新たな芽がどんどん育っていき、2年ほどで、元の番組を超える数になっていきました。

しかも、新たなチームではチーフ的な立場になることが多く、さらに自分の力を発揮することが出来るようになりました。

このことは自分の中でとても大事な経験として残っています。

2015年に息子を授かって放送作家業を一年休むと決めた時にも、同じようなことが起きました。

だからこの言葉「放てば手に満てり」は自分にとって大切なデータを含んだ言葉となっているのです。

手放すことリスト

ここで「手放すこと」を具体的に検討していきましょう。

1：人間関係

うちの妻が妊活休業に入って、仕事を全部休んだことがあります。あの頃、妊活という言葉もまだ世にそんなに広まってない時に、よくぞその決断をしたと思いました。なぜなら、妊活というのはゴールが決まってないことだ。授かるかどうかの保証もない。だけど、妻は自分が「妊活休業をする」と世間に言えば、その言葉が世に広まり、働く女性たちが仕事を休みやすくなるのではないかと言っていた。

この時、半分、引退する気持ちもあったのかなと思っていましたが、妻は仕事を休んで、自分の体のケアを考えて生活するようになりました。

妊活休業が始まってしばらくして妻が僕に言います。「ちょっと嫌いな人、苦手な人と会わないことでストレスがかなりなくなるとわかった」と。
　僕たちは普段仕事している中で色々な人と会って、様々な人間関係が出来上がってい
る。その中で、「すごく好きな人」「まあまあ好きな人」「普通の人」がいて、そして
「まあまあ苦手な人」「すごく苦手な人」がいる。
　どんな人でも、「すごく苦手な人」はいなくても「まあまあ苦手な人」はいるはずだ。
　仮に「すごく苦手な人」がいる場合は、もうこれは仕方ない。その人を避けて動くか、
それを理由に辞める人もいるだろう。辞めるには十分な理由となる。
　が、「まあまあ苦手な人」というのは、相手が自分に嫌なことをしてなくても生理的
に苦手だったり、そもそも性格が合わなかったりと、相手に非がない場合もある。
　こういう場合が結構厄介で、「まあまあ苦手な人」が理由で仕事を辞めるには周りに
申し訳ないと思ってしまう。
　だけど、この「まあまあ苦手な人」の積み重ねが自分に結構なストレスを与えている。
　まさに「塵も積もれば山となる」である。妻曰《いわ》く、この「まあまあ苦手な人」と会わ
ないことによりなくなるストレスは大きい。
　だから仕事を辞めて今の人間関係を手放すことにより、このストレスはなくなる。
　この時、辞めることによって今の人間関係を手放すと、大事な人との人間関係もなく
なってしまうのではないか？　と考えるはずです。

でも僕は思う。本当に自分に大切な人間関係だったら、その人間関係は必ず残る。ここで重要なのは「自分が大事だと思っている人間関係」とその相手が「自分を大事だと思っている」ことが必ずしもイコールではない可能性があるということです。

僕は今回、辞めることを発表する一週間前に、濃く仕事をしてきた人たちにＬＩＮＥで報告した。

その返事を見て思う。自分は濃い関係だと思っていたけど、相手にとってはそうじゃないんだなと思った人もいた。

自分がこの仕事をしているからこそ付き合う意味があったけど、辞めるとなったら意味がないと思ったのかなと思う人もいた。その人が悪いわけではない。僕が辞めることが勝手なわけだから。

だけど、あらためて、濃く熱く仕事をしている関係でも、それはイコールではないのだなと思えた。

そして10月12日に発表してから、沢山の人にＬＩＮＥやメールを頂いた。事前に連絡出来なくて申し訳ないと思いながら読んだ。

まずＬＩＮＥやメールをくれるだけでありがたいのだが、その中には、「この人は僕が仕事を辞めても、人として付き合ってくれるのだな」と胸がとてつもなく熱くなる言葉を書いてくれた人もいた。

辞めると伝えたことで、自分の中での見えにくかった人間関係が見えた。この人間関係というのは、僕からの矢印だけでなく、ドラマの相関図のようにお互いの矢印が見える。

これにより、手放すべき人間関係がわかるし、仕事を完全に辞めたらもっとハッキリするでしょう。

必要な人間関係は、一度手放しても、また戻ってきてくれる。

2：タスク

僕は日常の中で、しなきゃいけないことに追われている。まず、締め切り。これは仕事を辞めることをある人に伝えた時に言われたのだが、「世の中の人は、ドラマとか、おさむさんが思っている以上におさむさんが書いていると思ってないですよ。僕は知ってますけど」と言われた。皆さんの想像以上に書いている。

妻は、そんな僕を見ていて「辛い」と言ったし、「そこから一度解放されてほしい」とも言った。

毎日、毎日沢山のタスクが追いかけてくる。タスク鬼ごっこをしているような感覚だ。鬼からずっと追われている。

仕事をしていて、毎日、色んなタスクに追われている人は多いでしょう。このタスクに追われていることによって、本来は気づくべきことに気づけない。

そして、毎日の沢山のタスクは、人の顔から笑みを削除することも多い。イライラさせたり、怒りっぽくさせたり。結果、誰も得しない。

タスクに追われていると、日常の中の育児や家のことまでがタスクの一つとなってしまう。

これはダメなことだと思う。

仕事を辞めることで、タスクを手放し、人としてやるべきことに気づけるのだと思う。

3：スケジュール

本来、時間は誰にでも平等なものだ。24時間同じ時間がやってくる。これってすごいことなんですよね。

誰にでも平等なものって世の中意外と少ないから。

仕事をして自分がスケジュールを入れていくことで、時間に縛られていく。

仕事を辞めることで今のスケジュールを手放すことにより、時間は自由に使っていいのだということに気づく。

これは先ほども書いたお金への執着。一番勇気のいることだが、お金を手放すことで、自分が大切にしなければいけないものが見えてきます。

4：お金

辞めると発表してから思い出すこと

辞めると発表してから、色々な方から連絡を頂きました。過去にかなり熱く濃く仕事した方からも連絡を頂きました。そういう人たちとは「近々、ご飯行こう」と言いながらもなかなか行けないものです。「そのうち行こうは、行かない」ですから。だけど、辞めるとなったら、放送作家でいるうちにお礼を伝えたいなと思い、食事に行くようにしてます。

そこで、色々と昔の仕事の話をします。その時に「僕、忘れないですよ。あの時、会議でおさむさんが○○って言ってくれたこと」と伝えてくれます。

自分でも忘れていたことを結構思い出します。テレビ朝日で20年以上一緒に仕事をしている樋口圭介さんとは毎週、会議をいくつもやっているのですが、その時には言わずにメールで思い出を送ってくれました。『Qさま!!』という番組で芸人さんが体を張る企画をやっていたのですが、ゴールデンタイムに移り、苦戦しました。かなりのピンチになった時に、プロデューサーが「クイズの企画を練ろう」と言いました。当時はクイズブームでもありました。

僕は次の会議までに、何かクイズを考えようと思い、ずっとそのことが頭の片隅にありましたが、全然思いつかず、会議の時間になりました。たった4人の極秘会議で、樋口さんもメンバーでした。

僕が会議室に入る直前、ある映像が頭に降りてきました。当時、クイズ番組といえば一問一答が当たり前でした。だけど、僕はその一問一答の時間が耐えられなかった。自分が興味のない問題が出ると、関心がなくなってしまう。だから、一問一答じゃないクイズを考えられないかと。だけど、その答えが出ないまま、時間が過ぎ、会議になった。だけど、会議室の前で、僕の頭には、沢山の問題が画面に出ていて、解答者が一つのクイズを指定して、それに答えていく映像が浮かんだのです。難しい漢字が10個当時に画面に出ていて、一人が自分が答えられる漢字を指定して答える。

会議室に入り、椅子に座る前に、僕が思いついたそのクイズをイメージで伝えると、

「おもしろそう」とプロデューサーは言ってくれて、実行部隊であるテレビ朝日の奥川晃弘さんが一週間で形にしてくれて、そのクイズは作ってから15年たった今も続いています。今でこそ様々なクイズ番組で多答クイズ（画面に最初から沢山の問題が出ているクイズ）はメジャーになっていますが、あれを広めたのは僕たちだと思っています。

樋口さんは、その時のことをメールでくれました。「忘れません。あの時におさむさんが会議しに入ってきて、言った一言」と。それであの時のことを思い出しました。

自分の発案とか、結構忘れていることも多いのですが、辞めると発表してから、このように、みんなが僕の思い出を僕に伝えてくれるので、「あ〜、そうか、あれも自分が言ったんだ」となり、変な話ですが、辞めると決めてからとても自信になりました。

僕ら放送作家の考えたことって、どこかにしっかりと記録されたりはしませんから、みんなが伝えてくれることで、自信になったのです。

もちろん沢山のスタッフのおかげで、一つ一つの企画が出来上がっているのですが、振り返ってみて自分が思ったことは、放送作家という職業は自分の「天職だった」ということです。

辞めるとなってから「後悔はないですか？」「惜しいと思ってることはないですか？」「やり残したことはないですか？」とか沢山聞かれますが、後悔はまったくない。惜しいと思ってることもまったくない。3月31日まで、新しく作るものも沢山あるのでやりきりますが、そこまでやりきれば、やり残したことはまったくないです。やりたかった企画なんかは山ほどありますが、3月31日を過ぎたら、必要であれば全部人にあげます。

僕は若い頃から運がいいです。秋元康さんと『天職』という本を作った時に、秋元さんは結局売れるには運が必要と言いました。確かに「運」なんです。

僕は運のおかげで色んな人と出会い、僕の才能を引き出してもらえました。

どんなに才能のある選手でも監督がバッターボックスに立たせてくれなければ、結果を出せません。僕は若い頃から僕をバッターボックスに立たせてくれる人が沢山いて、それで自分の力を十二分に発揮出来ました。

そういう運と出会いも含めて天職だったなと思うんです。天職と出会えてやりきれたから、きっぱりと辞められるんだなと思います。

「天職」との出会い方

僕は1972年生まれ。テレビが一番楽しく自由だった時に子供時代を過ごしました。漫画も『ジャンプ』の黄金期に突入した頃で、とにかくテレビとラジオ、漫画、と楽しいエンタメに溢《あふ》れていた。

小学5年生の時に、石川先生というとても刺激的な男性の先生が担任になりました。強面《こわもて》で、怒らすとシャレになんない先生でした。石川先生は基本、5年生と6年生を担当しているのですが、石川先生が担任になると、必ずやらされることがありました。それは全員が一人ずつ立って、みんなの前で好きな人を発表しなきゃならないのです。

地獄です。小学5年生という思春期の入り口で、みんなの前で本気で好きな人を言わなきゃいけない。適当に言うとか、許されない空気です。これはある意味「企画」です。

この企画がすごいのは、みんなが一人ずつ好きな人を言っていくと、同じ人を好きなことがみんなにわかったり、あと、両思いの人も出てくれば、フラれる人も出てくるのです。

僕は正直に隣のクラスの生徒の名前を言いました。すると石川先生が「俺が聞いてきてやる」と言って、隣の教室に行ってしまったのです。「やめてくれ！　放っておいてくれー」という気持ちでした。先生が戻ってくると「おさむ、○○子もお前のこと好きだってよー」とニヤニヤしながら言うのです。教室全体拍手。でもめちゃくちゃ恥ずかしい。

地獄の1時間。今、そんなことをやる先生がいたら、即全国紙に載ってしまうでしょう。

地獄の企画ですが、これを終えると、クラス全体にかなりの連帯感が生まれるのです。一番言いたくないことをみんなの前で言い合うという試練を乗り越えた感じというか。一番恥ずかしいところを見せ合ったというか。チームワークがかなり生まれて、そして石川先生が担任になると、最後はみんな絶対に泣いてお別れします。

5年生が終わる頃、石川先生が「お前、生徒会長になれよ」と言ってくれて立候補しました。

クラス全員一つになって選挙運動をしてくれたおかげで、生徒会長になれました。

6年生になり、生徒会長として、あることをやりました。毎月、生徒全員を体育館に集めて、生徒会長率いる生徒会が何かを発表するのです。それまでは、生徒集会はとても真面目でつまらないものでした。というかそれが普通。

僕はその時間がもったいないと思い、先生にお芝居をやっていいかと聞いたところ、OKしてくれました。

単純に退屈そうにしている生徒たちを笑わせてあげたいと思ったんです。そして自分で物語を書いてみたいと思いました。

当時、大映ドラマが大ブーム。不良ドラマが多かった時代。僕は「マッチ売りの少女が不良に絡まれてカツアゲされる」という話を書きました。まず、生徒会長がスカートをはいて女装すれば低学年は笑うだろうと計算が立った。生徒会長って、低学年からしたら、結構偉い存在ですよね。フリがきくわけです。それで、上演したら、とてもウケて評判が良かった。これで調子に乗った僕は毎月、生徒を楽しませたいと巨大紙芝居とか色んなことを企画してやらせてもらいました。

僕は2020年にテレビ朝日で『M 愛すべき人がいて』という浜崎あゆみさんの自伝的小説を基にしたドラマを書きましたが、この時も大映ドラマのようなドラマを作りました。この時、僕は48歳。ふと気づいたんです。12歳の時から作ってるものが変わってないと！

驚きました。だけど、本当に好きなものって変わらないのだなと思いましたし、12歳の時から好きの軸がブレてないと思ったのです。

「思いつき」が天職のサイン

僕らの仕事は「思いつき」を形にしていくことです。

誰だって生きていれば、ちょっとは「思いつき」があるはずです。この「思いつき」を実行に移せるかどうかが天職を見つけられるカギじゃないかと思います。

思いつきというと、言葉が軽いかもしれませんが、思いつくということは、それは自分自身の叫びであり、脳やDNAがサインを出しているのかもしれない。

自分の持っている「才能」を出せてない人がほとんどだと思います。以前見たテレビのドキュメンタリーですが、子供のDNAを調べて、その子供の「才能」を遺伝子レベルで見極め、運動神経が良くて、特に「〇〇の運動が得意」ということがわかったら、子供の頃からそれを習わせ、世界に通用する運動選手を作り出すという内容でした。それってとても合理的。だけど、それをやっては道徳的にダメだろうという人もいるのはわかる。

世の中の大人たちのほとんどが、自分のDNAに刻まれている才能に気づけずに、その職業を選択出来てない。僕は、放送作家というのが天職だとするならば、子供の頃からのDNAレベルのサインを行動に移せたおかげで、今の仕事を選択出来た。

でも、思うのです。絶対に自分の中のDNAはメッセージを出してくれている。それが「思いつき」。小さなところで言うと「急に〇〇が食べたくなった」というのは、体がメッセージを出しているのです。つまり、ふとした思いつき、「〇〇って興味あるな〜」「一度習ってみたいな〜」なんて「思いつき」はDNAのメッセージかもしれない。

だから結局「行動する人」が勝っていくんですよね。

天職に就くのは何歳からでも可能です。天職をいまだ探していますという人は、自分の「思いつき」を単なる「思いつき」と処理せずに、サインだと思って受け止め、まずは行動してみるといいと思います。

放送作家というお仕事

放送作家という仕事は不思議なもので、「作家」という仕事だったらそれ以上説明はいらないのに、「放送」とつくだけで「結局、どんな仕事なの?」と思われ続けている。自分の親でさえ、どんな仕事なのか理解していないと思う。

ここで、放送作家という仕事をあらためて説明させていただくと、「バラエティー番組を作る人」なんだと思います。

では、具体的には何をしているかというと、番組によって、放送作家のやることは違う。

共通しているのは「新しい企画のネタ出しをする」ということでしょうか。

例えば、チーフ作家Kは、プロデューサーと組んで、どんな番組を作りたいか、企画を考える。仮に「お金をテーマにした番組」をプロデューサーと考えたとします。芸人さんが「今、世の中が気になっているお金のこと」を調べたり、挑戦して解明してくるバラエティーとする。

企画書が出来て、それがテレビ局の編成を通り、番組として出来ることになる。

すると、プロデューサーとチーフ作家Kのもとに、実際に番組を作っていくディレクターと、放送作家数人が呼ばれる。この番組にはL、M、Nの3人の放送作家が呼ばれる。チーフを含めて全部で4人。

ここで一番大切なのはネタ出しとなる。作家4人が、どんなことをやったらおもしろいか、企画案を出すのだ。番組によって違うが、A4の紙に一つ数行のアイデアをいくつか書いて提出。

会議で全員で目を通して、どれをやったらおもしろいかを考える。

お金がテーマなので、作家Lが出した「値上がりブームの中、日本の最安値を探そう」という企画をやることになったとして。

どんなものの日本最安値が見たいかというアイデアをその場で出し合う。ここは放送作家はもちろんディレクターやプロデューサーも意見を出し、「日本で一番安いお米ってどこで売ってるんだろうね?」に決まったとします。

ここからはディレクターやAD、時にはリサーチャーと呼ばれる調べることが専門のプロを入れて、日本で一番安くお米を売っているお店を探す。

リサーチが終わり、ある程度わかったところで、担当のディレクターが、作家の一人、仮にMを呼んで、分科会と呼ばれる小さな会議を開く。

ここで、芸人さんを実際にロケに出して、どういうロケをしたらおもしろいか、具体的にディレクターと作家Mで考えていく。大体の構成が決まったところで、Mがそれをロケ台本と呼ばれる台本にするのだ。

作家がロケに立ち会うことはあまりない。ロケで収録してきたものをディレクターが編集し、そこにナレーションが必要であれば、作家Nに頼んでナレーションを入れる。

作ってきたロケVTRを会議で、作家全員、もしくはチーフ作家Kと見る。

これをプレビューというのだが、昨今は、ここのカロリーがとても高く、特にチーフ作家Kが、VTRを見て、意見を言う。ここで、かなり作り直すこともあるし、追加で撮影なんてこともある。

ロケのVTRが出来たら、今度はそれを見るスタジオ収録。スタジオ収録でも、VTRを見た後にどんなことをしたらおもしろいかを、作家たちでアイデアを出し合う。

そして作家Lがスタジオ台本を作り、収録となる。

ざっと、こんな感じです。僕はバラエティー作りを家にたとえることがよくある。どんな家にするか、設計図を作る人もいれば、家の内装を作る人もいたり。人によって本当にやることが違うのが放送作家だ。

やはり、一番大事なのは「企画の骨格作り」。そして、次に具体的な「ネタ出し」になるのでしょう。

20代の時は「ネタ出し」で、色々なアイデアを出し、認められてきました。もちろん台本も書くのですが、やっぱりプロデューサーやディレクターから求められるのは、他の人からはなかなか出ない具体案。

テレビ朝日『いきなり!黄金伝説。』が深夜番組の頃、芸人さんにかなり体を張った企画をやってもらった。

ある時、会議前に、僕の頭にふとした映像が浮かんだ。それは「芸人さんが小さな部屋で、ニワトリの生んだ卵だけで生活している」という映像。その企画を出すと、プロデューサーやチーフ作家さんにとても褒められた。こういう一つのアイデアで、認められて信頼されることがある。この信頼の積み重ねで、チーフ作家に上がっていく。

30代になるとチーフ作家をすることが多くなってきた。そんな中で、僕は舞台を始めました。

自分で脚本を書き、演出もする。その理由として大きいのは、30代になり今後、自分は、今ほど台本を書く立場じゃなくなるだろう。だけど、その時に、自分は「ちゃんと書けるんだ！　書いて自分で勝負してるんだ」との証明にもなるようなものをやろうということでした。

ある意味、書き手としての「保険」をかけていたのです。

正直、通常の仕事をしながら舞台の脚本を書き演出をしていくのはとてつもなくしんどかった。だけど、それをすることで自分の存在価値を出せると思っていました。

記してきた自信

先日、秋元康さんのラジオに呼んでいただきました。秋元さんは、僕のすごいところを「おさむは記している」と言ってくれました。

まさに舞台の脚本を書いて演出して、苦しんでいるということを僕の放送作家としてのアイデンティティーとして言ってくれました。

やはり、30代から自分がやってきたことは届いていたんだなと思いました。

僕は、何の仕事をする時も「放送作家」の鈴木おさむとしてやっています。脚本を書く時も、舞台をやる時も、ラジオで喋る時も。その道にはプロがいます。だけど、放送作家の僕だから出来ることもあるはずだと思ってやってきました。

時代はジャンルレスになったと思います。誰が何をやってもいい時代。タレントであろうが裏方であろうがどちらでもいい時代になっていくと思います。

その流れの中で、僕がこだわってきた「放送作家」を辞めて、その名を手放すのも、今がタイミングなのかなと思っています。

第一線でやり続けられた理由

僕は32年間放送作家を名乗り、色々な仕事をやってきました。「おさむさんがずっと第一線でやってこられた理由はなんですか?」と聞かれました。

正直、僕は放送作家として第一線ではないと思っています。2023年に出た『FRIDAY』の記事は、僕が辞めることを歓迎している業界人も多いというもの。僕の会議ではみんな気を遣い、僕はたいした仕事もしてないということです。

それを読んだ時にまず思ったことは「そりゃ、そうだろ！」と。僕に気を遣うに決まってます。僕が30代のディレクターだったら、同世代の放送作家と仕事をしたいはずです。僕自身、まるで若手のようにグイグイ発言するのは痛々しいと思っています。

そうなると、僕が辞めることに対して歓迎する人がいるだろうなと思います。

ただ、僕は放送作家を名乗りながら、他の仕事もしています。放送作家としては第一線ではないかもしれませんが、数年に1回は話題になるものを作っていることは事実だと思います。

僕は2017年に『奪い愛、冬』というドロドロ不倫ドラマを作ってから、変なことが起きるドラマの世界観を作れた気がします。それは浜崎あゆみさんの自伝的小説を基にしたドラマ『M 愛すべき人がいて』にもつながっていきますが、僕が書いたドラマはネットでバズることが多い。

以前、ABEMAで脚本を書いて作った『会社は学校じゃねぇんだよ』というドラマが2023年の秋にNetflixで配信され、ランキングの2位にまで上がり、あらためて多くの人から見てると言われました。

そして、2024年配信予定のNetflixドラマ『極悪女王』は、ダンプ松本さんの人生を基にしたドラマで、僕が企画し、Netflixに持って行きました。結果、かなりの予算をかけて制作することが出来ました。僕のクレジットは企画／脚本／プロデュースとなっています。

そして、２０２０年、僕がパーソナリティーをやっているラジオ番組に、ブレイク間もないＹＯＡＳＯＢＩのAyase君が出て、そこで一緒に何かやろうということになり、僕が『ハルカと月の王子様』という絵本を作り、それがＹＯＡＳＯＢＩの『ハルカ』という曲になりました。

その絵本を見たスターバックスの方が、僕の名前を挙げてくれたことにより、スターバックスのクリスマスのキャンペーンをやることになりました。僕の作った絵本が全国のスターバックスに置かれるというすごいキャンペーンです。僕の名前が店内にも出ていたり。

こうやって、本来のバラエティー番組以外の場面で、大きなチャンスをもらい、ヒットを出している感があるので、ずっと活躍しているように見えるのかもしれません。

それが出来たのは、やはり30代の頃の舞台をきっかけに、とにかく我《が》武《む》者羅《しゃら》に色んなことをやってきたからだと思います。

この話をすると、「色んな話が来ていいですね」と言う人も多いんですが、僕は放送作家以外のものに関して言うと、自分で企画を作り持ち込むことが多かった。放送作家としての名前を利用すれば、みんな話は聞いてくれる環境ではあるので、企画を持ち込む。そして形にしていくのです。

放送作家という名前を途中で捨てることも考えましたが、なんか、やっぱり格好悪いなと。

放送作家の僕がやっているからこそいいんだと。

つまり、第一線でやり続けられている理由は、自分で打席に立っていき、打とうとするからなんだと思います。

主観と客観のスイッチング

ただ、それが自分をメンタル的にも肉体的にもかなり追い込んでいたのは事実でした。

そして40代後半になり、無理矢理自分のスイッチを入れている自分に気づきました。スイッチが入りにくくなっている自分もいる。

僕は自分の人生を俯瞰で見ることが出来る俯瞰力の高い人間だと思っていました。が、秋元さんのラジオに出た時に、「おさむの場合は、客観性と主観が行ったり来たりスイッチングするんだね。自分を客観視しながら、自分が本当に疲れちゃったという主観と」と言われました。

そこでハッとしました。僕は客観性も高いけど、スイッチングすると主観性の自分も強くて熱量で一気に進んでいく。なのに、客観の自分にも戻れる。

客観と主観のスイッチングが得意だからこそ、疲れた自分に気づくんだなと。

客観的に自分の人生を見て「最近、鈴木おさむの人生はおもしろくないな」と気づくと、今度は主観の自分に切り替わり「おもしろく生きられてないなら辞めるべき」と主観の自分で進んでいく。だから「辞める」と決めたのだと思います。

幸せとは何か？

僕が心から尊敬している人が僕の4つ年上の姉です。保育士をしています。姉には2人子供がいて、長男はテレビ局で美術の仕事をしています。次男は20代でユウタといいます。生まれた時から重度の障害があります。

妊娠7ヶ月で生まれてきてしまい、いきなり生死をさまよい、なんとか一命を取り留めました。

ですが、その時点から障害とともに生きていくことになった。後に姉に聞いたのですが、「ユウタは生まれた時から一度もおめでとうと言われなかったんだよね」と。生まれていきなりの大手術、そして、障害があると言われて。姉の言葉にドキッとしました。

自分も「おめでとう」と言ってなかったから。

成長に伴い、何度か手術をしました。かなり曲がってしまった背骨を治すために、東大病院で10時間以上に及ぶ手術を2回も受けました。そのおかげで、前よりは良くなりました。

言語を話すことは出来ません。もちろんコミュニケーションは出来ますが、言葉という意味では何でも「ママ」と言います。その「ママ」にも色んな種類があるんですよね。うちの息子、笑福《えふ》は赤ちゃんの頃から実家に帰ると帰省しているユウタと会い、遊んでいました。

1歳の頃の笑福は喋ることが出来なかった。ユウタと会話ではないコミュニケーションを取っていた。徐々に笑福が成長し、喋れるようになってきた時に、僕に「なんでユウタ君は喋れないの?」と聞いてきた。説明はするが理解は出来ず。前のように遊ばない時もあったが、時間とともに、笑福なりにユウタとのコミュニケーションをするようになっていきました。

先日、実家に帰った時に、笑福がいきなり自分のパンツを脱ぐと、ユウタは爆笑する。

そして笑福が「ユウタ君もパンツ脱いで」と言った。僕はユウタはその言葉を理解出来てないと思いましたが、ユウタがパンツを脱ごうとした。ちゃんと伝わっていた。反省した。

伝わらないだろうと思い込んでいた自分はダメだなと思いました。それと同時に、笑福がユウタと「会話」出来ていることに嬉しくなった。

ユウタと姉から教わったことがある。笑福が2歳になり言葉を覚えるようになった。周りには1歳を過ぎたあたりから話しだす子もいた。歩いたり走るスピードも笑福より速い子も沢山いた。

笑福が喋りだしたのがすごく遅かったわけではないのだが、焦りだしている自分がいた。だから、笑福に無理矢理喋らそうとしたり、言葉を覚えさせようとしていた。それが当たり前だと思っていた。

そんな時に、姉からLINEが届いた。ユウタは15歳で、LINEには、ユウタがその日、初めて一人でトイレに行きウンチを出来たことが書かれていた。とても嬉しくて泣いてしまったと書いてあった。その喜びをなかなか分かち合える人がいないから、僕に送ったと書いてあった。

それを見てドキッとした。

15歳で一人でウンチを出来るようになったというのがユウタにとってのスピードで、

姉はそれを見て心から喜んでいる。スピードは人によって違う。違うに決まってる。「年」とか「学年」とかあるから、人と比べがちだけど、人によって違うからおもしろいのだ。

人間なんだから。

自分の子供のスピードを見て、そのスピードを知り受け止めてあげる。そして一緒に喜んで泣いてあげる。それでいい。それがいい。

僕は姉のＬＩＮＥを見て、周りと比べていた自分が恥ずかしくなった。笑福のことを考えるふりをして、自分のことを考えていたからだ。

あの日から、僕は、比べるのをやめた。その子なりのスピードがあると。

そして、今回仕事を辞めると決めて、妻に伝えた時に、「お金に執着するとそういう人生になるんだよな」と言われた時に、姉のＬＩＮＥを思い出した。

自分の子供のスピードを人と比べないのと同じで、幸せというものもそうなんだろう。自分の幸せと人の幸せを比べても、そこに答えはない。あくまでも人の幸せはその人のサイズである。

自分に合った幸せは年とともに変わっていくだろうし、そのサイズも形も人によって違うのだ。

一旦、立ち止まり、今、自分が笑顔になれる瞬間はいつだろうと考える。この先、年を重ねていき、自分が笑顔になれる瞬間はいつだろうと考える。

そこに幸せの形がある。

人と比べずに、自分の中で、必要なもの、なくなったら嫌なものを想像してみる。

そこに自分の幸せの形がある。幸せこそ自分でオーダーメイドなんだよな。

だからこそ、僕は、仕事を辞める。

人生の「枯れ方」ではなく「生き方」

僕は19歳で放送作家を始めて、22歳の頃にはニッポン放送で沢山お仕事を頂けるようになり、月収が30万円を超えて自分に自信がついてきました。その年に、木村拓哉さんと、当時フジテレビの片岡飛鳥さんと出会いました。

木村さんとの出会いは、後にSMAPとの仕事につながっていき、飛鳥さんとの出会いは『とぶくすり』という深夜番組から『めちゃ×2イケてるッ!』につながりました。

25歳の時に、『スマスマ』『めちゃイケ』の他にも、沢山の仕事のオファーを頂き、激烈に忙しい毎日を送っていました。若手なので、書かなければいけない分量もとても多かった。その中で、僕は普通免許を持っていなかったので、免許を取りに行くために自動車学校に通っていました。かなりハードなスケジュールの中、時間を見つけては教習所に通っていたため、体は限界を超えていました。

毎週、金曜日に『笑っていいとも！』の全曜日の作家が集まる会議がありました。その会議には永井準さんという大先輩の放送作家さんがいました。僕より20歳以上年上の作家さんで、80年代から萩本欽一さんの番組や『オレたちひょうきん族』など沢山のヒット番組に参加していました。

その頃、永井さんは50歳が近づいている年齢。永井さんは、僕のことをすごく買ってくれていて、冗談交じりに笑顔で「おい！　天才」と言ってくれていました。当時、永井さんと同世代の作家さんでも、バリバリ仕事をしている人はいましたが、永井さんのスタンスはちょっとおもしろくて、新しいアイデアは若い世代に任せるというスタンス。永井さんは『いいとも』『スマスマ』などをちゃんとオンエアチェックし、とても細かい感想を書いて、プロデューサーに渡していました。その感想の手紙がプロデューサー経由で各曜日のディレクターや作家に入ってくるんです。

若い世代の作り手には気づかない細かいことが書いてあるため、とても参考になる半面「細かすぎるんだよな～」と反抗してしまいたくなるところもあったりして。だけど、その企画の弱点の核心を突いてくる時も何度もありました。

ある時、教習所通いもしていてフラフラの僕がその金曜日の会議に行くと、永井さんが疲れている僕を見て「なんで、そんなに疲れてるんだ?」と聞いてきました。僕が教習所に通っているため、朝も早くなっていることを伝えると、永井さんは「教習所なんて今、行かなくていいよ」と言ってきたんです。永井さんは僕の目を見て言いました。「おさむ、今のお前にしか出来ないことがあるんだから、免許なんか取りに行かなくていいんだよ。今お前にしか出来ないことを全力でやるんだよ。将来な、絶対仕事は減るんだよ。間違いなく減る。でもな、俺なんかさ、40代後半になってさ、バイクの免許取りに行ってさ。これが、楽しいんだよ。だから、今は今のお前にしか出来ないことをやるんだよ。世の中の人がやってることは、人生の後半の楽しみにとっておけよ」と。

僕は放送作家として名前が売れてきた時でした。とはいえ僕らの仕事はフリーで、いつ仕事がなくなってもおかしくない。仕事を始めた時から50歳になってもその不安はずっとずっと頭の中にあります。いつまでこの仕事が出来るのだろうと思いながら全力で走るしかない。そんな僕に永井さんがハッキリと言った言葉「将来、仕事は減る」という言葉。それを勢いのある若手に言うこと自体が勇気あることだと思います。そしてそれを永井さんがハッキリ言うということは、自分は仕事が減ったと言っているのと同じです。本来だったら認めたくないこと、若手に言いたくないことなのに、僕にそれを伝えている。その頃の僕のように20代からバリバリ仕事していたけど、仕事は減り、でも、その時間を若い頃に出来なかったことに使えている自分が楽しいと言った。あれは永井さんの強がりでも何でもなく、本音で、僕に伝えたかったのだと思います。

僕はあの言葉を聞いてから、誰もが出来ることは、いつかの楽しみにとっておこうと思えたし、今、自分にしか出来ないことを振り切ってやろうと思えました。

今、この年で永井さんのことを振り返ると、あらためてすごいなと思うんです。自分は新しいアイデアが出ないからと、細かく感想を伝えるというポジションに自ら回った。僕の放送作家人生の中で、そのスタンスをわかりやすく取ったのは永井さんだけだったと思います。

永井さんは「お金をもらって仕事をすること」を人一倍考えていた作家さんだと思います。お金をもらっているからには今の自分が出来ることをやろうと。それが細かく感想を書き、手紙にして伝えるという作業。

永井さんは、57歳で旅立っていきました。

永井さんが言ってくれた言葉がずっとずっと頭に残っています。僕は永井さんのように、細かく手紙を書くことが出来るタイプじゃない。だから、放送作家を辞めることにしたのも理由の一つにあります。

年を重ねて、自分が出来ないことに気づき、認めてスタンスを変える。

永井さんから教わったこと。

よく、人生の後半を「枯れる」と言う人がいます。「格好いい枯れ方を目指そう」なんて言う人もたまに目立ちますが、僕は「枯れる」という言い方が好きではありません。

僕は人は死ぬまで花を咲かせていると思います。

ただ、ずっと同じ花なんじゃなくて、咲かせる花が変わってくるのかなと思っています。若い頃は大きなひまわりだったのが、50代になり、梅になるとか。

永井さんは「格好良く枯れた」んじゃなく、形を変えて「格好良く生きた」のだと思います。

人はいつ死ぬかわからない

今、花の話を書いたところで、ここで書きましょう。年を重ねないとわからない花の良さもあります。

僕は40代になってから、伊勢旅行に行った時に伊勢神宮の域内の木を見て、いきなり「新緑のまぶしさ」に気づけた時がありました。

力強く太陽の光をはね返す新緑を見て「これが新緑か」と。

僕は自分の感情を絵の具にたとえるのですが、若い頃は絵の具の数が少なく、それらを使って自分なりの絵を描く。

だけど、年を重ねて色んな経験をしていく中で、絵の具の数がどんどん増えていき、色んな色を使った絵を描くことが出来る。

そうすると、今まで気づけなかったことに気づくことが出来る。

春に咲く桜の素敵さには気づけていたけど、ある時から2月に咲く梅の美しさも気づけるようになったり。

51歳の僕がまだまだ手に入れることが出来てない絵の具をこの先手に入れることによって、目の前にあったのに気づけてない景色の素晴らしさに気づけるかもしれない。

そして、これは30代後半の時に、ラジオに来ていただいた竹内まりやさんに教えていただいたことです。まりやさんはその頃『人生の扉』という曲が入ったアルバムを出したばかりでした。

まりやさんに春に咲く桜の話をしました。毎年、桜が咲いて散ってまた咲くまでのスピードがとてつもなく速くなっていくと。

すると、まりやさんは、50代になると、今度は、「あと何回見られるんだろう」に変わってくると教えてくれました。

つまり死ぬことを意識して生きるということですね。

人はいつか死ぬとは言葉ではわかっているけれども、なかなかそれを意識して生きることはない。

そして僕は今、50代。

40代後半で肺の病気を患ったのも大きいですが、まさに「あと何回見られるのかな」と思うようになりました。


僕の携帯には、亡くなった人の携帯番号が結構入っています。消した方がいいと言う人もいますが、これがなかなか消せないんですよね。

40代になると、一緒に仕事をしていた人たちが亡くなることが増えました。すごく年上の方もいますが、自分より年下のスタッフが亡くなった時は驚きました。突然の脳の病気で亡くなった。若い時って死ぬということが自分に近いところにあるとは感じないけど、この年になると感じるようになる。

アーティストの川村カオリさんは38歳で、ＥＴ－ＫＩＮＧのいときんさんは38歳で。二人とも病気で亡くなりましたが、僕の携帯には連絡先が残っています。

そして、放送作家で僕が最も天才だと思っていた渡辺真也さんは僕より2歳年上で、45歳で亡くなられました。

世の中で起きることの全てに意味があると言う人がいます。理解しなきゃいけないのはわかりますが、僕は自分に近い人たちの亡くなった意味がわからない。

ただ、一つ教えてもらえたことは、「人はいつ死ぬかわからない」ということです。年を重ねていくと、もっと痛感するのでしょう。

でも、もっとその先にそれを今より強く感じても、その時の僕は何も出来ないかもしれない。

だから、僕は自分で天職だと思う自分の仕事を手放し、辞めて、二度目の人生を生きようと思います。

拾って生きる

以前、ある芸人さんが言っていた言葉にもハッとしたことがあります。この先、あと何回親に会えるだろうと。その答えは難しくなく、自分が実家に帰る回数って大体わかりますよね？

親が長生きで90歳まで生きたとして、簡単に答えが出るんです。その回数しか会えないんです。

僕の父は76歳でこの世を去りました。母はまだ元気ですが、時折体を壊します。

30代の頃は、実家に帰るのは年に2回。

でも、子供を授かり、帰る回数が増えました。


僕は二度目の人生を生きながら、これまでの51年間の人生の中で、出来なかったことを、これからの時間の中で拾っていくことを楽しみにしています。


まず、親に対して出来てなかったことをやろうと。気づけば、実家に行っても母親とさほど会話もしていません。

自分の息子とはすごく会話するのに、母親は空気のような存在になっている。だから実家に帰った時には、意識して話そうと思う。


そして、体のケア。

2023年からすでに始めているのが、歯の治療です。僕は昔から虫歯が多く、差し歯も多い。かみ合わせも悪い。知り合いのタレントさんが歯を上も下もインプラントにしたようで、僕に言っていた。「50代のうちにしっかりインプラントにした方がいい」

と。やはり、年を重ねるとしにくくなるのでしょう。

なので、僕は友人にインプラントの名医を紹介してもらい、歯の治療をしっかりしようと思います。歯が良くないと、食べ物も食べられずに人生の楽しみが減っていく。

早速、数週間後に上の歯茎に骨を作る手術をする。これをして骨を成長させたら、2024年の春以降にインプラントの手術が出来るらしい。


次に目です。過去にレーシックをして、近視は治ったのだが、今度は老眼が始まり、普段なかなか大変です。

実は本と漫画が読みにくいので、人生を充実させてくれるはずの読書がなかなかしにくい状態。

だから仕事を辞めたら、老眼鏡を作り、目のケアをすることにより、本と漫画を読みまくりたいなと思っています。

こんなことも、仕事を辞めないと出来なかったりする。


僕は免許を持っていません。ただ、間違いなく車の運転が下手だということはわかっているので、原付免許を取ろうと思っている。

そして、原付バイクに乗る生活にしたいと思っている。

この10年、ドライバーさんがいて、車を運転してもらっていた。タクシー生活よりそっちの方が安いことに気づいたからそうしていたのだが。

自分が運転するバイクで風を切り、走りたい。近くにあるけど気づけてない景色にきっと気づけると思っています。

英語の勉強も再開したい。30代後半。英語をまあまあ勉強して、いいところまでいったのだが、仕事が忙しくて頓挫した。

なので、改めて、英語を勉強したい。英語を聞ける「耳」を作りたい。

全てこれまでの人生で、興味があったり、途中までやったけど、やめていたこと。拾えてなかったパズルのピースを拾っていき、今の自分にハメていくと、また新しい発見があると思っています。

そして、これは最近、やりたいと思ったこと。手話です。手話を覚えたいなと強烈に思いました。

手話を覚えると、耳が聞こえない人たちと会話することが出来るんだよなと当たり前のことに気づいた。

おそらく、この先も、やりたいこと、やってみたいことはどんどん出てくるでしょう。
仕事のためじゃなく、自分のために、始めてみたいと思っています。

おわりに

仕事を辞めると発表してから、丁度一ヶ月がたった今日、11月12日。

とある番組の撮影がありました。一週間、ほぼ現場に付きっきりになる仕事。配信予定が２０２４年の１〜２月のため、新たなバラエティー番組としては、これが最後になります。

今日、最後の撮影を終えて、とてつもなくいいものが撮影出来た。32年間やってきて、こんなこと起きるのか！　と思った。

撮影している一週間、とんでもない事件が起きて中断するんじゃないかと思った。だけど、トラブルが起きれば起きるほど、燃えている自分がいた。家を出る時に妻から「久々にワクワクした顔してるね」と言われた。

その出演者とは一週間の間だけど、とても通じ合えた。向こうもとても感謝してくれた。

最後に最高のものが撮影出来たと本当に思っている。

撮影が終わり、出演者の皆さんが「ちょっと待っててください」と言って、僕にプレゼントを渡してくれた。

僕は、父のがんがわかった時に、残りの時間を同じ時計で刻もうと思い、おそろいの時計を買って、父に渡した。父は２０１９年に亡くなるまでその時計を使っていた。

父が亡くなってからも僕はその時計を使っている。

だけど、２０２４年３月31日に仕事を辞めたら、新しい時計を買おうと思っていた。

このことは誰にも言ってなかった。

そして、もらったプレゼントである。

開けると高価な時計が入っていた。僕への感謝だと。

最後に作った新しいバラエティー番組。そこでもらった時計。

そんなことが起きるから人生はおもしろい。

後悔なし!!!!!!!!!!!!!!!

４月からはその時計をハメて、時を刻んで生きていこうと思います。

最後に。これまで一緒にお仕事をしてくださった皆様。

本当にありがとうございます。

おもしろい生き方してるねと言われるように。
生きていきます。

放送作家　鈴木おさむ

装幀　トサカデザイン（戸倉 巌、小酒保子）
写真　小嶋晋介
編集　箕輪厚介　山口奈緒子　木内旭洋

［著者紹介］

鈴木おさむ

放送作家。1972年生まれ。多数の人気番組の企画・構成・演出を手がける。そのほか、エッセイ・小説の執筆や漫画原作、映画・ドラマの脚本の執筆、映画監督、ドラマ演出、ラジオパーソナリティ、舞台の作・演出など多岐にわたり活躍。

仕事の辞め方

発行日　2024年1月25日　第1刷発行
2024年2月15日　第3刷発行

著者　鈴木おさむ
発行人　見城徹
編集者　箕輪厚介
発行所　株式会社 幻冬舎
〒151-0051 東京都渋谷区千駄ヶ谷4-9-7
電話 03（5411）6211［編集］
03（5411）6222［営業］
公式HP https://www.gentosha.co.jp/

印刷・製本所　中央精版印刷株式会社

検印廃止

Printed in Japan ISBN978-4-344-04206-3 C0030

この本に関するご意見・ご感想は、下記アンケートフォームからお寄せください。
https://www.gentosha.co.jp/e/